胡建文/著

愈放下 愈快乐（修订版）

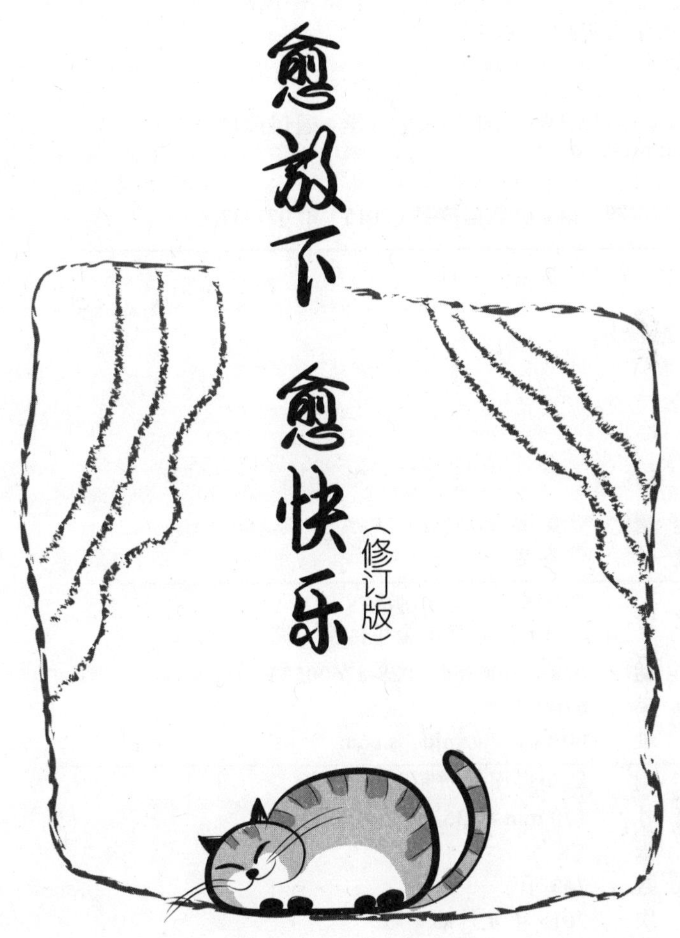

西南交通大學出版社
·成都·

图书在版编目（CIP）数据

愈放下愈快乐／胡建文著．—修订本．—成都：西南交通大学出版社，2015.4
ISBN 978-7-5643-3853-4

Ⅰ．①愈… Ⅱ．①胡… Ⅲ．①人生哲学－通俗读物 Ⅳ．①B821-49

中国版本图书馆 CIP 数据核字（2015）第 077937 号

愈放下 愈快乐
（修订版）

胡建文 著

责任编辑	张慧敏
封面设计	严春艳
出版发行	西南交通大学出版社 （四川省成都市金牛区交大路 146 号）
发行部电话	028-87600564　028-87600533
邮政编码	610031
网址	http://www.xnjdcbs.com
印刷	四川煤田地质制图印刷厂
成品尺寸	170 mm × 235 mm
印张	13.75
字数	149 千
版次	2015 年 4 月第 1 版
印次	2015 年 4 月第 1 次
书号	ISBN 978-7-5643-3853-4
定价	29.80 元

序

学会放下：

现代社会实在令人困惑不解——

生活富裕了，但压力越来越大；收入增加了，但快乐却越来越少。

其实，累与不累只是一种感觉。压力的大小，主要取决于自己的心态。快乐与不快乐，就看你是否学会了放下。

放下，是一种生活的智慧。

放下，是一门心灵的学问。

放下压力，活得轻松；放下烦恼，活得幸福；放下自卑，活得自信；放下懒惰，活得充实；放下消极，活得成功；放下抱怨，活得舒坦；放下犹豫，活得潇洒；放下狭隘，活得自在。

人生在世，有些事情是不必在乎的，有些东西是必须清空的。

只有该放下时放下，你才能够腾出手来，抓住真正属于你的快乐和幸福。

树木，把枯黄的落叶放下，长出一个美丽的春天。

苍穹，把灰色的云翳放下，才有一个灿烂的晴空。

心灵，把沉重的郁结放下，就有一个快乐的人生！

胡建文

2015 年 3 月

目录

第一章　放下烦恼

——快乐其实很简单

第二章　放下压力

——累与不累，取决于自己的心态

第三章　放下自卑
——做一个内心强大的人

第四章　放下懒惰
——拼搏岁月苦当歌

第五章　放下消极

——绝望向左，希望向右

第六章　放下抱怨

——与其抱怨，不如努力

第七章　放下犹豫

——立即行动，成功无限

第八章　放下狭隘

——心宽，天地就宽

放下烦恼——快乐其实很简单

所谓练习微笑，不是机械地做出你的面部表情，而是努力地改变你的心态，调节你的心情。学会平静地接受现实，学会对自己说声“顺其自然”，学会坦然地面对厄运，学会积极地看待人生，学会凡事都往好处想。这样，阳光就会流进心里来，驱走恐惧，驱走黑暗，驱走所有的阴霾。

无论发生了什么，不要悲伤，不要难过，跟我一起来练习微笑吧。没有谁也没有任何苦难，能将每天笑着生活的人打倒！

01 练习微笑

那一年，我经历了生命历程中最黑暗的一段日子，阳光离我很远，月光离我很远，就连那一抹星光，也远得看不到影子。心中压着巨大的痛苦，无法倾诉也不能倾诉，只有自己一个人慢慢地咀嚼，再慢慢地消化掉。人生，很多时候是只能自己帮助自己，自己鼓励自己，再亲的亲人，再好的朋友，都爱莫能助。

为了摆脱痛苦的纠缠，除了更加刻苦地读书和更加努力而虔诚地工作，我还常常找出许许多多的事情来做，在忙碌中充实自己。然而，对我帮助最大的，是我别出心裁想出来的练习微笑。不管前一天发生了什么，不管夜里做的是美梦还是噩梦，每天清晨一醒来，我都要把头转向曙色朦胧的窗外，露出一个会心的微笑。渐渐地，练习微笑也就成为我生活中的一种习惯。笑过之后，我想起波兰诗人米沃什的一句话："不管我曾遭受过什么样的苦难，我都忘了。"

人活着，确实是挺不容易的。生活总在不断地给我们出难题。往往刚解决完一个难题，正庆幸可以轻松一下的时候，又一道难题阴沉着脸挡在我们的面前。面对生活交给我们的难题，我们没有选择放弃的权利，只有绞尽脑汁去求解。于是，我们都活得很累，很疲惫。

有没有什么好办法让自己轻松起来、快乐起来呢？当然有，那就是——练习微笑。有些事情，既然我们把心伤透、把泪水流尽也解决不了问题，何不努力地试着以微笑去面对呢？

也许你要说，练习微笑，那不是自欺欺人吗？不，你错了！所谓练习微笑，不是机械地做出你的面部表情，而是努力地改变你的心态，调节你的心情。学会平静地接受现实，学会对自己说声“顺其自然”，学会坦然地面对厄运，学会积极地看待人生，学会凡事都往好处想。这样，阳光就会流进心里来，驱走恐惧，驱走黑暗，驱走所有的阴霾。

微笑是心灵绽放的花朵，心里装满阳光，你的微笑，就会透着阳光的灿烂，散发着阳光的芬芳。朋友，无论发生了什么，不要悲伤，不要难过，跟我一起来练习微笑吧。没有谁也没有任何苦难，能将每天笑着生活的人打倒！

快乐其实很简单，不要自己不快乐就可以了。

02　快乐其实很简单

有一位朋友，是一家地级报社的记者，从前是一所普通的县级中学的语文老师。当记者才三年左右，所以职称尚未评上去；报纸的发行量偏低，所以收入不是很高。但他每天都过得很快乐，笑口常开，笑声不断，就连走路的时候，嘴里还要哼着歌。一天，另一家报社的记者跟他一起去采访，见他一路上乐得像个小孩，便开玩笑似的问："你天天这么开心，是不是有什么喜事啊？"他听后哈哈大笑道："大姐，非得有什么喜事才能这么开心吗？我一个土包子，能够从偏僻的乡下来到城里，干上记者的行当，心里感到非常的满足，所以我高兴啊！"

——原来，快乐其实很简单，知足一点儿就可以了。

那天，我新买了一个影集。在整理旧时照片时，又看到了六年前采访过的一位女孩。当时，她才十五岁，却因肺部患有一种疑难杂症无法根治而连续打针吃药十三年。但外表漂亮、品学兼优的她，怎么看都不像一个病人。一口流利的普通话，一脸灿烂的笑容，是她留给所有跟她有过接触的人的美好印象。1998 年旧历年底，她在省城长沙的一家医院做了右肺切除手术。动完手术第二天，我和朋友去看望她，她笑着跟我们说："我进手术室也没有怎么怕，我不知道自己在想什么。做完手术后，我自己迷迷糊糊的，但我还记得自己说了些什么，我在手术台上喊：爸爸，我不是一个好孩子，我不够坚强，我长大了要考医科大学，当医学博士。"她讲一口标准、清脆的普通话，如果光听声音，你绝对不会相信她是一个做过大手术才两天，正躺在病床上打吊针的人。她的声音里充满了乐观和热情，使人联想到朝阳下的小草，绿叶上滚动的晨露。

——原来，快乐其实很简单，乐观一点儿就可以了。

一对恋人，相爱六年，到了该走向结婚礼堂的时候，他们却分手了。六年间，男的为女的付出了很多，但提出分手的却是他为之付出了

六年的女友。他有过短暂的不平衡，但很快就释然了。因为他想，如果付出一定要有回报的话，那还是真正的爱吗？如果付出不一定要有对等的回报的话，那就此放手有什么不可以？

有时候，与彼此都熟识的朋友相聚，为了安慰他，朋友总要有意无意地谴责她的负心。他常常会笑着阻止："或许她是对的，她肯定有她自己的理由，谁会轻易地去辜负一个人、伤害一个人呢？"

与此同时，他努力忘却心中的痛苦，努力追求自己的事业，努力地去关怀帮助身边每一个需要关爱的人，并以此获得人生的至乐。

——原来，快乐其实很简单，宽容一点儿就可以了。

她是一位记者，一位离了婚的中年女人。

在我们生活的这座小城里，因为自己的才情和努力，她获得了一定的影响，一定的知名度，但她活得并不快乐。因为她是一位孤独的、没有爱的离婚女人。

面对一次又一次的伤害，她早已失去年轻时的浪漫和热情。在她的眼里和心里，这个世界，除了无情，还是无情，除了冷漠，还是冷漠。直到有一天，她采访并参加了一次足以感动这座小城的募捐大义演。那天，她跟几位同行一块去采访，看到数百名大学生，在老师的带领下，为一位素不相识的老人挽救身患尿毒症的儿子的生命倾心义演，感动得流下了热泪，并情不自禁地加入了献爱心的行列。她和几位同行一道，主动为义演的师生联系场地、器材，拉节目，拉赞助，使义演一次比一次有影响，一次比一次成功。因为爱和感动，参与和付出，她漠然的心，又恢复了活力，恢复了激情。

——原来，快乐其实很简单，多一点儿爱心就可以了。

那天，在下楼去外面的路上，我无意间一低头，看到一只小甲虫四脚朝天躺在那里，爬也爬不起来，那笨笨的样子，真可爱。

估计它再怎么努力也是徒劳，我在心里对这只陌生的小甲虫说，呵呵，别白费力气了，我来帮你翻个身吧。

在我的帮助下，它轻而易举地翻过身来，在那里愣了半天，可能在纳闷：这人真好，不但不踩我，还帮我翻身！

做好事不留名，我开心地跑开了。

——原来，快乐其实很简单，帮小甲虫翻个身就可以了。

一位大学生，常常感到烦恼多多，于是来请教身为老师的我。

学生问："老师，我为什么有这么多烦恼呢？"

我答："烦恼都是自找的。因为你是活的，烦恼是死的，烦恼怎么会主动来找你呢？"

学生又问："那么老师，我怎么才能过得快乐呢？"

我笑答："快乐也是自找的。因为人是活的，快乐是死的，快乐怎么会自动钻到人的心里来呢？"

学生听后恍然大悟，从此学会了主动去寻找快乐，快乐也一天比一天多。他还发现了寻找快乐的最佳方法，那就是要自己快乐，不要自己不快乐。

——是啊，快乐其实很简单，不要自己不快乐就可以了。

真正的乐观，来自对苦难的超越。只有超越苦难，才能读懂人生，进而笑对人生。

03　乐观，来自对苦难的超越

那天，一位文学院女生问我："诗人往往是伤感的，为什么老师给我们的仅是轻松与快乐？"

我想，第一个原因应该是，在学生面前，我首先是个老师，而不是诗人。老师的职业道德要求我把快乐的情绪带给学生，把不快乐的情绪留给自己。其实，何止是老师在学生面前应该如此呢？我们每一个人，不管自己的生活多么沉重，都应该给世界，给我们周围的人一张微笑的脸。要用快乐的情绪去感染人，不要用忧伤的情绪去影响人。你的痛苦会因为你带给了别人快乐而减少，你个人的魅力值会因为你给别人送去了快乐而增加。这个世界不会欢迎那些整天愁眉苦脸的人。有的人每天都面带微笑，给人很轻松很快乐的感觉，并不是因为他们内心没有痛苦，没有忧伤，没有阴影，而是他们展现在世人面前的，永远是阳光灿烂的一面。我觉得，这也是我们人人应该具备的一种做人的品质。

第二个原因，是我的乐观与豁达。是的，我也写诗，并且我曾经有过刻骨铭心的痛苦。痛苦跟欢乐一样，都是与生俱来的，每个人都会有。有痛苦就会有伤感。伤感也并不是诗人的专利，只是诗人对痛苦更加敏感，在面对痛苦的时候心灵更加脆弱罢了。但当一个人没有被苦难击倒的时候，他的心灵便会变得非常强大，强大到足以超越一切苦难。人生真正的乐观，就来自对苦难的超越。这时，无论发生了什么，都能平静地微笑着面对生活。需要说明的是，人世间所有伟大的心灵，都是包含着真正的乐观与豁达的。而真正的诗人，理所当然应该具备伟大的心灵。诗人的伤感，是一种超越自我的悲悯情怀，与所有的无病呻吟无关。如范仲淹的心忧天下，这种伤感实际上也是一种伟大的伤感。“为什么我的眼里常含泪水，因为我对这土地爱得深沉”，艾青的名句是对这种悲悯情怀的最好诠释。诗人的伤感，源于对生活的深沉热爱。而所有的热爱，都应该归属于乐观与豁达的心性。一个心灵被伤感淹没的人，是不会有什么热爱可言的。因此我认为，真正的乐观，来自对苦难的超越。只有超越苦难，才能读懂人生，进而笑对人生。

耐得住寂寞的人，或者会排遣寂寞的人，一定也懂得生活；忍受得住孤独的人，或者会享受孤独的人，即使成不了伟大的人物，也必然会有一颗伟大的心灵。

04 享受寂寞与孤独

寂寞是孤独的伴侣，孤独是寂寞的良友。

寂寞是一种凄然的情绪，孤独是一种心灵的境界。

寂寞是一种难言的苦涩，孤独是一盏挂在天堂的明灯。

寂寞是没有朋友，没人关心，孤独是关心你的人很多，却没有人真正理解你。

我们常常会感到寂寞，因为人心不古，知己难逢。

寂寞的时候，你是品品茶、喝喝酒，还是把歌唱唱，把书翻翻？你是安静地坐一坐，悠闲地散散步，还是赶快到人群中去，寻找情感的共鸣，心灵的慰藉？

我们常常会感到孤独，是因为作为个体存在的每一个人，都是一本难读的书，一首难懂的诗。

孤独的时候，你是默默忍受，还是喟然长叹？你会选择像太阳一样在孤独中长久地放射自己生命的光辉，还是选择像月亮一样一生一世躲进夜晚兀自抒情？你会在孤独中爆发，还是在孤独中死亡？

耐得住寂寞的人，或者会排遣寂寞的人，一定也懂得生活。

忍受得住孤独的人，或者会享受孤独的人，即使成不了伟大的人物，也必然会有一颗伟大的心灵。

人活着不容易，痛苦总是如此残酷而真实，我们不妨幽生活一默，把苦涩而艰辛的日子过得轻松些。

05 幽生活一默

窗外，越来越大的雨。

我的一位朋友来湘西旅游，本想今天去陪游，尽尽地主之谊。她们今天要去的地方是大峡谷。昨晚收到朋友的短信后便约了一下“小姨子”，可她说今天要进行身体素质测试，去不了。后来我也因故没能去成。刚刚下楼吃早饭，雨中收到“小姨子”发来的短信，一副幸灾乐祸的样子：“你去大峡谷了没？没把你淋成落汤鸡吧？”我笑了，回了一个：“很遗憾，没有成为落汤鸡，变成落汤鸭了，嘿嘿。”哼，以为我被雨淋就惨啦？变成落汤鸭才好玩呢，忘了鸭子哥哥会游泳吗？畅游中这点雨算什么？哈哈，据我乐观估计，智商不高的她一定边看手机边笑得像个傻瓜了。

我是个在生活上比较严肃认真的男人，在陌生人面前，常常不苟言笑，一副“道貌岸然”的样子。可了解我的人都知道，这叫做“假正经”。其实，老胡我的头脑里并不缺乏幽默细胞，经常把学生和朋友们逗得东倒西歪。

有一次，跟朋友在网上聊天，朋友所理解的单身生活只有痛苦没有乐趣，便一个劲儿地劝我，年纪一大把了，赶快找个人结婚算了吧。我说老婆可不是想找就能找的啊。“什么都可以通过努力得到，唯有妻子是

上帝的恩赐。我啊，也许是上辈子不小心得罪上帝他老人家了，看来，现在得赶紧跟他搞好关系才行！”她发过来一张大大的笑脸：“哈哈，那你赶快贿赂贿赂一下他老人家吧！”我说：“不晓得他老人家喜欢什么样的礼物，现在流行什么‘送礼要送脑白金’，要不，咱就送他一盒脑白金！”打完这几行字，对方的反应很是剧烈，大门牙也都快笑掉了。

老胡我在学生面前装得一本正经，可在好朋友面前，却是十足的一个“好色之徒”。那次我在搜房网工作时的一位美眉同事，靓照作为“魅力女孩”登上了《三湘都市报》，正好被我看到了。不日，他们在网上相遇。相互招呼之后，同事说：“胡主编，好久不见，在忙什么呢？”我答：“哪里哪里，我前几天还见到你呢。”对方莫名其妙地问：“在哪里，我怎么没印象啊？”老胡我“色胆包天”地说：“呵呵，在报上呢，很漂亮哦，我还偷偷亲了你一下呢，没意见吧。”同事被逗得乐开了花，即使真的亲一下都没意见了，何况是亲“报纸”呢！

某日，老胡我与一新认识的朋友视频聊天。朋友每次视频都把她的小外甥带在旁边。由于前一次视频的效果不是很好，觉得那小孩很小的，可这一次却突然“长大”不少。我遂打趣道：“几日不见，你外甥怎么长大了那么多，是春风春雨滋润的吧！”视频里的朋友笑歪了嘴，接下来的谈话是特别的轻松愉快。

老胡我目前在大学教体育，不想当撞钟的和尚，总想把自己的课上得有趣些。所以，我非常注重第一堂课上的自我介绍。请看，我是这么介绍自己名字的：“我叫胡建文，古月胡，建设的建，文化的文。我的名字可以正解，也可歪解。正解的意思是，建设精神文明，建设物质文明，两个文明一起建设，与党中央保持高度一致。如何歪解？胡通江湖的湖，建通宝剑的剑，文乃文章的文。所以，歪解的意思就是，左手持剑而舞，右手握笔为文，必能傲立江湖！”话音刚落，学生掌声四起。

至今为止，老胡我最幽默的莫过于个人网站上那篇搞笑的自我介绍，不知已经令多少人笑破肚皮，兹摘录于此，也博您茶余饭后一笑。

胡建文，小木屋主人，中国制造，湖南新化出品。自幼读书习武，以笔为剑，化剑为笔，走南闯北，人称“胡大侠”，亦称“剑客书生”。

正宗“三无”人员：无房，无车，亦无妻；另类“四有”新人：有童心，有爱心，有激情，有境界；奉行“五不”主义：不抽烟，不酗酒，不打牌，不泡妞，不偷懒。胡子不长，经历倒有一大把。青春年少时在新化老家当过木匠，风华正茂时在湖南师大修行四载，大学毕业后在首都北京见过文化和商业大世面。做过报纸、杂志、大型门户网站主编及专业房地产谈话节目主持人，现在高校执教，湖南省作家协会会员。

个子实在不高，比武术大师李连杰还矮两厘米，但丝毫不妨碍顶天立地做血性男人；抱负真的不小，赶得上挥斥方遒的老乡毛泽东，但丝毫不影响老老实实当平头百姓。一生的追求是，财富自由，心灵自由。虽不能至，心向往之。如是而已。

人活着不容易，痛苦总是如此残酷而真实，我们不妨幽生活一默，把苦涩而艰辛的日子过得轻松些。用一句时髦话来讲就是：“再苦也要乐一乐！”

忘情水并不是谁想给就能给的，只有自己才能给自己忘情水。这忘情水，就是潜藏在大脑中某个角落的重新投入生活的毅力与热情啊！

06　给自己一杯忘情水

那年寒假，从来不在我面前谈论女孩子的外甥，突然跟我谈及一位叫静的女孩。语气里分明流露出几分对她的好感。我对外甥的这一突变颇感兴趣，便一个劲儿地追问。终于，他告诉我，静是他们学校附近一所武校的学生，活泼又长得漂亮。一个偶然的机会，他们相识了，从此，平时书信来往，节假日相约去爬山或去公园游玩，两人很合得来。放寒假时，他先走，她请假到车站送他，都有点儿难舍难分的味儿。

从外甥的谈话中，我似乎预感到一点儿什么。

果然，开学后不久，外甥便来信告诉我，他与静步入了爱的伊甸园。作为比他大不了几岁的舅舅，我既没有刻意去制止他，也没有鼓励他大胆地去爱，只是以知己的身份提醒他别陷得太深，要把主要精力放在学习上。我甚至不负责任地想，人总是要吃上几枚苦果才能长大的。纵然那“爱”注定要给他带来苦痛，也未必不是一件好事！

在以后的两个多月，外甥的信里总充盈着幸福与甜蜜，哪天与静去了哪里，哪天与静怎么怎么了，成了每信必谈的话题。弄得我都很有点羡慕起他们那一份诗意来了。当然，羡慕过后，总不免有几许担忧。

事实证明我的担忧绝非多余：他与静不久就分手了！她并未告诉他为什么要提出分手。他给她写信，她不回；他去找她，她躲得远远的。他从幸福的顶峰一下子跌到了痛苦的深渊，于是乎，热爱流行音乐的他，成天迷恋着一些“凄凄惨惨戚戚”的歌曲，刘德华的《忘情水》，更是道尽了他带泪的哀求，“给我一杯忘情水，换我一夜不流泪”。

到底有没有忘情水呢？我的回答是肯定的。但是，忘情水并不是谁想给就能给的，只有自己才能给自己忘情水。这忘情水，就是潜藏在大脑中某个角落的重新投入生活的毅力与热情啊！

人生，所谓孤独，所谓苦闷，所谓失意，又何尝不是一间没有窗户的房间呢？在或长或短的一生里，我们每个人都免不了要在这房间里住一住，这是毫无办法的事情。哭没用，喊没用，踢打墙壁也没用，应有的明智之举是，给心灵开扇窗，让阳光进来，照亮我们的人生。

07　为心灵开扇窗

我在湘西的一所大学教书。从参加工作到现在，转眼就是八年，很多与我同来和比我晚来一步甚至几步的同事都先后结婚成家，有了属于自己的宽敞的房子，而我仍住单身宿舍。

我的宿舍在六楼，很小，不足20平方米，但我非常喜欢我的这间小屋，几年间有好几次机会换一间比这大得多的房子，我都毫不犹豫地放弃了。一是在这里住了这么多年，对它产生了感情；二是它有一扇灵动的小窗，窗外是山，是树，是雪花的舞蹈，是风雨的奏鸣，是阳光和小鸟的合唱。在这么一间充满诗意的小屋里，读书、写字、练功、静坐、

站着、躺着，不管做什么，不论采取何种姿势，都是一件倍感幸福的事情。这不，在新年刚刚到来的时候，我还无比得意地为我心爱的小屋撰写了一副对联："老胡不老食进三碗米饭，小室虽小窗含十万大山"，横批是"老胡小室"。你别笑，我这可不是"叫花子的儿自己喊宝贝"，我的朋友，我的学生，凡是到过我这间小屋的，无不对它羡慕至极，尤其羡慕它有一扇好窗户。

看来窗户对于房子，绝不亚于眼睛对于人的重要。如果你有一间房子，很宽很大却没有窗户，你肯定会憋得受不了。但并不是每个人都能像我这般幸运，房间有这么一扇开向自然的灵动的小窗。据说，从湘西走向世界的大师级画家黄永玉，当年在北京就住过一间没有窗户的阴暗潮湿的房子。黄先生是个聪明人，没有窗户，不要紧嘛，我是画家，我就给我的房子画一扇窗户。他大笔一挥，窗户就上了墙，如同真的一样。于是，风就吹进来了，阳光就照进来了，心里就亮堂起来了。

我想，人生，所谓孤独，所谓苦闷，所谓失意，又何尝不是一间没有窗户的房间呢？在或长或短的一生里，我们每个人都免不了要在这房间里住一住，这是毫无办法的事情。哭没用，喊没用，踢打墙壁也没用，应有的明智之举是，给心灵开扇窗，让阳光进来，照亮我们的人生。

一种人拥有阳光却感觉不到阳光的存在，一种人远离阳光却知道自己给自己造一轮太阳。

08 造一轮太阳给自己

有一个叫艾美的美国姑娘，出生时两腿没有腓骨。一岁时，她不得不截去膝盖以下部位。之后她一直在父母怀抱和轮椅中生活。后来，她装上了假肢，凭着惊人的毅力，她训练得能跑能跳，甚至还能滑冰。她还经常在女子学校和残疾人会议上演讲，做模特也频频成为时装杂志的封面女郎。她说："我虽然截去双腿，但我和世界上任何女性没有什么不同。我爱打扮，希望自己更有女人味。"艾美的坚强和乐观，实在令人感动。

在我所供职的这所大学里，经常可以看到一位失去了一条腿的残疾学生，她拄着双拐，无论遇到谁，无论跟谁说话，都是一脸的灿烂。每次见到她，我的心里都会不自觉地萌生一种敬意，感受到一种生命的鼓舞。这使我想起许多身康体健的她的同龄人。他们面色阴郁地走在校园，有脚却步履沉重，有手却难得潇洒地挥一挥，他们拥有太阳，整个人却生活在漫漫长夜里。为什么？因为他们自己挡住了自己的阳光！

在这个世界上，的确生活着这么两种人：一种人拥有阳光却感觉不到阳光的存在，一种人远离阳光却知道自己给自己造一轮太阳。结果可想而知，后者反而比前者生活得更好。

因此，无论你是幸运还是不幸，无论你生活在顺境还是逆境，你都没有理由不记住下面这句激励过千万人的名言:“我们总是为没鞋穿而苦恼，有的人没有脚，却在大街上微笑!”

人生的爱情，并不只有一次，就像树上的叶子落了，还会长出新的叶子。埋葬了落叶却拒绝萌芽，扭曲的是渴望春天的心灵。

09 相信爱情

经常有人问我，世界上还有真正的爱情吗？问这些问题的人，有的是早已经历爱情的沧海桑田，被爱伤过、被情困过的过来人；有的是自己并未经历过，却见多了身边的爱恨情仇，听多了爱情之城土崩瓦解声音的后来者。从问话者的神情来看，他们对爱情的怀疑是不容置疑的。

到底存不存在真正的爱情呢？在这个越来越物化、越来越世俗的社会，爱情真的只能在过去的民间传说和神话故事里寻找了吗？不是的，绝对不是的。关键在于，你如何给爱情定义，如何理解真正的爱情。

伦理学家是这样定义爱情的：爱情是男女之间因为相互倾慕而产生的一种渴望对方成为自己终身伴侣的真挚专一的感情。由定义可知，只要这个世界既有男人，又有女人，就必然有爱情，哪有男女之间不相互倾慕的道理呢？看来大家对爱情的普遍怀疑，主要出在是否“真挚专一”的问题上。好像现代社会男女之间的相恋与分手太随便、太自由，少有“从一而终”的，所以便得出“爱情已经死了”的结论。这真是对所谓“真正的爱情”的莫大误解，也是对现代开放式爱情的一种误读。

其实，爱情产生之后，男女双方都还有选择的权利和自由，并不是一旦产生爱情，双方就必须相守一生。结婚之前，我们习惯把相恋的男女双方之间的交往和接触称为“谈恋爱”。既然是谈恋爱，就有谈得成谈不成的问题。谈恋爱的过程，主要还是一个相互了解、相互适应的过程，当你了解到对方并不是你真正倾慕的对象或者根本不适合与你一起生活，而是一时冲动雾里看花、水中望月被一个朦胧的幻象迷住时，难道你还要勉强自己继续爱下去吗？

有人也许很认同我上面的观点，但他们认为，现代爱情的附加条件太多，如外表、金钱、地位、声誉等，而真正的爱情是拒绝任何附加条件的。在他们的心目中，真正的爱情，就是织女爱牛郎，许仙爱白娘子。他们不明白，这种“不食人间烟火”的爱情也是有条件的。织女爱牛郎的勤劳善良，这“勤劳善良”不就是爱的条件吗？许仙爱白娘子的纯洁美丽，这“纯洁美丽”不就是爱的条件吗？依我看，爱情不但讲条件，也讲“门当户对”。低层次者追求物质上的“门当户对”，高层次者追求精神上的“门当户对”。当然，精神上“门当户对”的爱情，比物质上“门当户对”的爱情要高雅得多，也稳定得多。

至于少数曾经受到过爱情深深伤害的人，不但不再相信爱情，而且还沉溺在痛苦中不能自拔，这就真是固执得有点笨了。因为，人生的爱情，并不只有一次，就像树上的叶子落了，还会长出新的叶子。埋葬了落叶却拒绝萌芽，扭曲的是渴望春天的心灵。

"人"字的结构，就是一撇一捺的相互支撑，赠人玫瑰，手有余香，帮助别人，同时也帮助、完善、升华和快乐了自己。

10 用心灵画出生命的美好 

有人说，人生有三乐——知足常乐，自得其乐，助人为乐。细细思索，确实不无道理。而在我看来，这"三乐"当中，助人为乐的境界是最高的，是人生的至乐。因为，"人"字的结构，就是一撇一捺的相互支撑，赠人玫瑰，手有余香，帮助别人，同时也帮助、完善、升华和快乐了自己。而我曾用我的微薄之力，帮助过湘西的一位老人，并因此获得首届湖南慈善奖。以下是我在一次签名义卖活动上的发言——

这位就是刚才主持人向大家介绍的张义玉老人。每次看到张义玉老人沧桑的脸，变形的手，瘦弱的身躯，泪水浸泡的眼睛，我的心就忍不住地难受。但是，她的坚强，她的伟大，她的不屈的尊严，她在苦难命运面前决不低头的精神，却一次又一次地让我感动，让我震撼，让我由

衷地感到敬佩！

我是在两年前的一次采访中认识在火车站拖板车的张义玉老人的。后来，老人在万般无奈的情况下找到我，向我求助。于是，在爱的感召下，便有了去年冬天的那几场募捐义演，有了今天的这次签名义卖。

很多人都想了解，我为什么要不遗余力地去帮助一位素不相识的老人。我想，生活中许多事情是不需要理由的，如果一定要寻找理由的话，那么，应该就是以下三个。第一，我也有一个好母亲。母亲的言传身教，使我从小就懂得与人为善，懂得帮助他人，关心他人。第二，武术和文学对我的心灵的熏陶。武以德为先，练武的人，一般都很仗义，侠骨柔肠。而文学，是倡导真善美的载体，是心灵的体操，是人类灵魂的清洁剂。爱是文学永恒的主题，它呼唤的是一种温暖人生的终极关怀。一个作家，只有人达到了怎样的高度，心灵达到了怎样的高度，他的作品，才能达到怎样的高度。第三，我的职业是老师，老师的职责是教书育人。教书是途径，育人是目的。育人先育己，首先自己要写好一个“人”字，要学会爱和关怀。

多年前，一位作家曾经对我说过：人生需要关怀，关怀自己，关怀他人，关怀整个人类的命运和生存处境。我深深记住了这句话。因为，“人”字的结构，就是一撇一捺的相互支撑，关爱他人，就是关爱自己，关怀他人的命运，就是关怀自己的命运。

有一首歌，唱出了千万人的心声：世上只有妈妈好。我们每一个人都有自己的母亲。今天，我们伸出手来，帮助这位苦难的母亲渡过难关，实际上，也是一种爱的呼唤、爱的传递、爱的升华。

同学们、朋友们，我认为，活着，首先是做一个人，做人，从做一个好儿子开始。而要做一个好儿子，就要让我们的母亲不再流泪，让世

界上所有的母亲，远离苦难，好好生活，幸福地生活！

最后，我把《一盏心灯》里面的一句话送给大家，与大家共勉——善待自己，关怀他人，用心灵画出生命的美好！

遇到挡路的墙，你最明智的选择是，要么推倒它，要么迅速转身。把墙推倒就是路；如果墙太坚固，你无力动摇，那么，转过身来，路依然在你的脚下延伸。

11　墙不知道答案

一个人在路上走，突然，一堵高高的墙挡在了他的面前。

他已经走得很累了，因此，对于墙的无理取闹很是气愤。他大喝道："我们有什么仇啊？你为什么要挡住我的去路？"

墙无声地站在那里，高傲又漠然。任凭他一再地追问为什么。

又气又急的他，终于累倒在那堵墙下。

为什么要挡住他的去路？其实，墙也不知道答案。因为，墙也是别人砌在那里的。

很多人在遇到麻烦时，总喜欢一再地去追问为什么，殊不知，生活中很多事情都是没有什么道理可讲的。与其气急败坏地死钻牛角尖，不如节省点气力想想下一步该怎么办。

遇到挡路的墙，你最明智的选择是，要么推倒它，要么迅速转身。把墙推倒就是路；如果墙太坚固，你无力动摇，那么，转过身来，路依然在你的脚下延伸。

既然爱了，那就好好地相爱吧，不要去问为什么。既然不爱，那就随缘而来随缘而去，不要再去问为什么。

12 爱与不爱都没有理由

如果有一个人爱你，你会问他为什么爱你吗？

如果你爱的人不爱你，你会问他为什么不爱你吗？

在我看来，这样的问题都是伪问题。

爱是不讲道理的，爱与不爱都没有理由。

因为遵照这样的逻辑问下去，是怎么也问不完的。比如，他说爱你是因为你美丽或者智慧，可世界上美丽和智慧甚至两者兼具的人多的是，你可能会进一步问他在那么多人中间为什么偏偏选中你。这样的问题有答案吗？那你还得问他，地球那么大，为什么他偏偏要跟你生长在同一个国家；人类历史那么悠久，为什么他偏偏要选择同一个时间与你在此时此地或彼时彼地相遇。这样的问题有答案吗？问到老也不会有答案。至于不爱就更没有确切的答案了。如果他回答你，他对

你没有感觉，那你可以继续穷追不舍地问，为什么对你没有感觉。他说，没有感觉还有为什么吗？你可以抓住不放，为什么没有为什么？最后非把他问得哑口无言不可。

所以，如果你足够聪明的话，就不要问那么多为什么好了。本身没有答案的问题，问和回答都很让人受罪，真不如干脆轻松一点的好。

既然爱了，那就好好地相爱吧，不要去问为什么。

既然不爱，那就随缘而来随缘而去，不要再去问为什么。

庄严地打出告别的旗语，像张开翅膀一样打开曾经受伤的心灵，我们，依然可以平静地舒展生命的美丽与轻盈！

13　曾经，是永远的过去

那是一个刻骨铭心的故事。

曾经真爱过，曾经泪流过。但它已经成为永远的过去。

人生没有回头路。多少声音，在真诚地呼唤着昔日重来。可是，昔日真的能够重来吗？岁月的尘埃，总在默默地掩埋一切，只有远处渡口的风，一直在吹，一直在吹……

既然流过的眼泪，无法再盛放成内心的花朵；既然开始已成结局，结局却不是新的开始；既然错误已经定格，现实也不可能接受灵魂的忏悔，那么，就请时间来愈合创伤吧，请迎面而来的岁月，伸出母亲般轻柔的手，给你，给我，传递新的温暖和快乐。

曾经，是永远的过去啊！在茫茫无边的天空里，你我注定只是瞬间重合然后擦肩而过的两片云。庄严地打出告别的旗语，像张开翅膀一样打开曾经受伤的心灵，我们，依然可以平静地舒展生命的美丽与轻盈！

曾经，是永远的过去啊！只有彻底地走出过去，才能坚定而轻松地走进今天，走向明天！

婚姻是一把刀，幸不幸福，在于你握它的方法。握住刀柄是幸福，握住刀刃就是痛！

14 爱的感悟

初恋是一只美丽的小纸船，总在我们脸红心跳的欢呼中起航，在我们的无限痛惜中，沉入时间的河床。

两条小溪，自自然然地流到一起，是一种美丽的默契。

我欣赏这种默契，更向往这种无须表白的爱情。

不要急于走近爱情。

在你敲响那一扇心门之前，请你首先回到你的内心，检验自己的真诚。

把检验合格的真诚，交给对方去检验，爱情，才有可能获得永恒的生命。

如果说，人生是一棵树，爱情便是树梢上那片会唱歌的叶子。

如果说，生命是一条河，爱情便是河流中那朵弹着七弦琴的浪花。

一棵树与另一棵树，总有一定的距离，却永远生死相依。

给爱情一个距离，她会长久地茂盛美丽。

不要在爱的园子里，设置太多的篱笆。

尽管情感的长藤，可以爬过高高的篱笆墙，但篱笆却是心灵永恒的隔膜。

恋人不是牵在手里的风筝。

恋人是风，爱是翅膀上的天空。

爱情——阳光下一则美丽的童话。

不，它是废墟上一朵带露的玫瑰，是茫茫雨幕中一把倾斜的伞。

爱情，不是幸福的代名词，也不是痛苦的化身。

爱情是一种幸福的痛苦和痛苦的幸福。

树要开花，草要发芽，总是没有理由。

如同人间最难懂的爱情，相爱没有原因，分手没有答案。

爱情是闪电，婚姻是阵雨。

亲情是闪电和阵雨之后细密而绵长的流水。

婚姻是一把刀，幸不幸福，在于你握它的方法。

握住刀柄是幸福，握住刀刃就是痛！

爱情是一顶帽子，婚姻是一座房子。

帽子上跳跃着阳光的浪漫和诗意，房子里珍藏着实实在在的人生百味。

把童心留住，快乐就会扑面而来！

15 把童心留住

六一儿童节，收到几条有趣的短信。

“无论时光离去了 10 年、20 年还是 30 年，无论你曾佩戴小红花还是满脸泥巴，超龄儿童，祝你六一节快乐！请怀着一颗童心快乐地工作和生活吧！”

“通知：这个月第一天是儿童节，祝你节日快乐！请凭此短信速到离你最近的幼儿园领取棒棒糖一个，擦鼻涕手绢一块，开裆裤一条，尿不湿一个。特此通知！”

昨晚跟长沙的朋友聊天，互致儿童节的祝贺之后，我感慨地说，真希望自己还是一个孩子。朋友说了一句足以安慰我的话："你又不老。"是啊，我是不老，可我毕竟不是孩子了。我早已远离那无忧无虑、天真的童年。

上小学的时候，每到六一儿童节，我们公社的所有小学，都会聚集在公社电影院，举行规模盛大的歌唱比赛。我常常是我们新加小学的合唱队队员之一。白衬衣，蓝裤子，白鞋子，所有的男孩子女孩子，这一天都是最漂亮的。有个别同学家里没有钱，买不起白球鞋，就在黄球鞋的鞋面上涂满白色的粉笔灰，在合唱队伍里一站，居然一点也看不出来。尽管我家里很穷，但把孩子视为心肝宝贝的妈妈总会想方设法在这一天到来之前为我和哥哥准备好心爱的白衬衣、蓝裤子和白鞋子。不过，我们穿的白衬衣可不是的确良衬衣，而是白粗布衬衣，布料很粗，且白里带黄，如一张营养不良的脸。但我们都非常满足也非常珍惜，写字的时候都特别小心，生怕把墨水滴在衬衣上。我天生缺乏音乐细胞，可不知怎的，每次参加歌唱比赛，老师都不会漏掉五音不全的我。好在那是合唱比赛，我跟着唱就可以了，所以我唱歌的时候特别注意不抢拍子。只要不抢拍子，大家唱的时候我紧紧跟上，稍稍走点调是没什么要紧的。二十多年过去了，我还记得我们唱过的那些节奏欢快的歌词："六月的花儿香，六月的好阳光，六一儿童节，歌儿到处唱，歌唱我们的祖国，歌唱我们的家乡……"

走在校园里面，随时都可以遇见身着节日盛装的少年儿童。而我们，玩泥巴坨的儿童时代和穿白色粗布衬衣的少年时代已经远去，永不复返。

谁能与岁月抗衡，谁能留得住时间？但不管历经多少磨难，历经多少苦涩沧桑，我仍愿保留一份美丽的童心，保留一份傻傻的孩子气，来面对自己现在和未来的生活。

刚才香香在QQ里给我发了一个笑话：“三只小蝌蚪到饭店去吃饭，当服务员为隔壁桌端上一盘红烧牛蛙时，三只小蝌蚪抱在一起，哭着唱：我不想，我不想，不想长大……”小蝌蚪说出了我的心里话。我愿自己始终与纷繁芜杂的成人世界保持应有的距离，做一个永远长不大的孩子。

把童心留住，快乐就会扑面而来！

只有懂得享受生活的人，才能更好地创造生活。

16 享受生活

湘西是一个对篮球情有独钟的地方，篮球运动开展得非常普及。我曾经去过一所很偏僻的山村小学，教舍破旧不堪，操场凹凸不平，居然还有个简易的篮球架。一些衣衫褴褛的孩子，围着一个篮球，玩得可欢啦。还有一些村子，男女老少都会打篮球，可谓是真正的篮球之乡。

我曾看过一场精彩的比赛，与湘西男女全明星队对阵的，分别是湖南涉外经济学院男子篮球队和湖南慈利县一中女子篮球队。慈利县一中女子篮球队号称是“不败之队”，湖南涉外学院篮球队曾参加CUBA篮球联赛，

取得过辉煌战绩。比赛进行得非常激烈，观众也特别有激情，掌声和欢呼声不绝于耳。坐在我左侧的是一位白发苍苍的老者，年轻时就酷爱篮球，湘西一带的大小赛事，他都不会错过。他说现在的比赛远没有以前精彩了，球员的技术也大不如前。他还说，以前的体育馆在市中心，每次有篮球比赛，观众如潮，场场爆满。对于老者的描述，我未曾经历，只能想象。我更愿意把老者的话，看成是当事人对过去岁月的留恋和甜美的回忆。

球赛间隙是运动员的三分远投比赛、扣篮表演和两位全国街球明星的花式篮球表演。街球表演我还是第一次看到，非常过瘾。表演者玩篮球已经玩得出神入化了，运球，传球，停球，拨球，在音乐的伴奏下，引人入胜。在街球明星那里，篮球不再是篮球，而是一个艺术的精灵。

我突然明白美国人为什么那么热爱篮球了。现代生活压力重重，让自己的心灵跟着篮球一起旋转，是一种消遣，一种放松，更是一种享受。

只有懂得享受生活的人，才能更好地创造生活！

一个人的时候，你不妨试着读它，然后接受它、喜欢它，然后像我一样笑着喊它——嘿，寂寞。你会发现，寂寞真的很好很可爱！

17　喊一声寂寞

雨从昨晚下到今天。

坐在落雨的窗前，看暗云涌动，听雷声轰鸣，突然之间，好像有什么闪到了我的房间。嘿，是寂寞。

寂寞寂寞。寂寞是什么？

是春宵梦里淅淅沥沥的雨声？

是灯光剪影在墙上的单独的身影？

是乱七八糟没有整理的房间和思绪？

是一本翻到一半的书？

是一部半天没有动静的手机？

是一根明明灭灭的香烟？

是一把拭了又拭的空椅子？

是一首唱给自己的歌？

是一声划破长空的口哨？

这些年来，在远离故乡的土地上，在远离亲人和朋友的日子里，寂寞，常常是我最忠实的伴侣。

我认识它，它也认识我。

我理解它，它也理解我。

如果它来串门，我会把手搭在它的肩上，笑着喊一声，嘿，寂寞。

像喊自己的兄弟一样。

它总是沉默着，不说话。这位叫寂寞的兄弟，很内向，也很酷。

但我能够感受到它沉默的外表下那岩浆般的热情。

它陪着我，在校园里走来走去，走来走去。

它陪着我，逛了一家书店，又逛一家书店。

它陪着我，看书，写字，不管是白天还是黑夜。

它陪着我，洗衣做饭，打扫卫生，收拾心情。

它陪着我，赛跑，打拳，或者平静地坐着。

它陪着我，看信，上网，在雨中放飞我缥缈的思念。

它陪着我，任意幻想，把没有做完的梦继续做完。

它陪着我，我做什么它都认真地陪着，从不抱怨。

我不知道为什么有那么多人害怕寂寞。也许，是因为他们没有真正地读懂寂寞吧。其实，世界上真的没有比寂寞更忠实的伴侣了。

呵呵，朋友，一个人的时候，你不妨试着读它，然后接受它，喜欢它，然后像我一样笑着喊它——嘿，寂寞。

你会发现，寂寞真的很好很可爱！

所有的圈套，总是经过精心设计的，但是，圈套再美丽，也要你自己钻进去。少一点贪婪，多一分警醒，你才有可能一帆风顺地走向成功！

18　躲开那美丽的圈套

据说，印度人常用开小口的盒子捕捉猴子，盒子里放有猴子喜欢吃的食物，只要猴子将其前爪伸进小口抓取食物，就难以抽出来，这样，它就只能等着被捕获了。

小时候，父亲在小河里捕鱼用的筛子，跟印度人捉猴子的小口盒子非常类似。筛子由竹篾编制而成，形状圆圆的，肚子瘪瘪的，一个巴掌大的小孔是鱼儿进去的唯一通道。父亲在筛子里粘好喷香的用菜油炸的麦粉粑粑后，再把筛子埋入一个事先刨好的沙坑里，上面用小石子盖好恢复原样，只把那个小孔露在外面。放好一个后，隔几米远又按照同样的方法放另一个，待把背来的四个筛子依次放完，便回到河滩上抽支烟。然后，父亲轻轻地回到刚才放筛子的地方，用手封住小孔，把筛子从水里提上来，就是一筛子活蹦乱跳的小鱼。

在中国古代的兵法里，有一种能够勾魂夺魄的“美人计”。“美人一笑失江山”，历史上，这种温柔杀手的软刀子，常用常新，屡屡奏效。越王勾践，就是利用西施倾国倾城的美貌使强大的吴国俯首称臣的。

印度人的小口盒子，父亲的小口筛子，以及勾践的“美人计”，拥有一个共同的名字，那就是圈套。一种是有形的圈套，一种是无形的圈套。有形的圈套好躲，无形的圈套难防。而结果是，不管是有形的圈套还是无形的圈套，都圈住过数不清的冤魂。

人生的道路，看似平坦。可是，当你走过不短的一段人生之路后，就会发现，生活中，也有许多这样或那样的圈套。如果我们不努力升华自己的灵魂，擦亮识破“美丽”的眼睛，难免会一不小心走进圈套中，留下追悔莫及的遗恨。

所有的圈套，总是经过精心设计的，但是，圈套再美丽，也要你自己钻进去。少一点贪婪，多一分警醒，你才有可能一帆风顺地走向成功！

人生的道路充满艰难与坎坷，但我们真的不能让生活改变太多。既然眼泪与叹息都百无一用，那就每天让激情和笑声都多一点吧。拥有一份天真的孩子气，永远保持一份平凡而普通的快乐，这就是拥抱年轻的秘诀！

19　制造快乐

看了这个标题，你很可能要反问："快乐可以制造吗？"我的回答是肯定的，不信请看——

一

那年元宵节，在北京。

与亦师亦友的谭博士和他的朋友们在"江西瓦罐"聚餐。

满满的一桌，有作家，有诗人，也有学生。节日的晚餐，热闹而又温馨。

从餐馆出来，天空突然飘起了大朵大朵的雪花。女诗人凌和在北京大学读研的慧开心得像两个孩子，张开双臂在雪地里奔跑。惯于抒情的谭博士则随口吟诵起诗一般的句子。

吃完饭去唱歌。女作家郭老师一家和她女儿的同学都走了，凌也因事提前离开，留下唱歌的只有谭博士、慧和我。谭博士和慧的歌都唱得很棒，兴致很高的我，则唱的依然是那几首常常走调的老歌，但赢得的掌声一点也不少。最后的精彩节目，是我表演武术，谭博士为我伴唱。

每次去歌厅，只要我在，谭博士都会点唱《少林少林》《中国功夫》《男儿当自强》《万里长城永不倒》等歌曲。他唱歌的时候，我就表演武术，准能博得满堂喝彩。这一次，可爱的慧当场就学着我的样子跟我练起武术来，小小的包厢里充盈着简单的快乐。

二

那天晚上，做了一个很揪心的梦，醒来，依然惆怅不已。

心痛的感觉，是那么的强烈。

真切的仿佛不是一个梦。而房子里空空的，四顾茫然。

无助又无奈之际，忽然记起自己经常挂在嘴边的话："烦恼在左，快乐在右，如果烦恼了，要学会转身。从烦恼的左边，走向快乐的右边，其实并不远！"

索性转过身，走向快乐的右边。

心，真的就平静了下来，轻松了下来。

天亮了。我对着清新的窗外，笑着说了句——Good morning!

是啊，每天给自己一个祝福，每天给世界一个微笑，生活没有理由不美好。

三

很长一段时间，我的电脑都没有配音响和摄像头。

后来，终于把缺的这两样给安装上了。

聊天时遇到我的外甥，我就开了视频，在房间里表演武术给他看。

我表演得很认真。这一刻，小小的房间就是我快乐的舞台。

外甥和他的同事都被我逗乐了，音响里传来他们开心的笑声。

人生的道路充满艰难与坎坷，但我们真的不能让生活改变太多。既然眼泪与叹息都百无一用，那就每天让激情和笑声都多一点吧。

拥有一份天真的孩子气，永远保持一份平凡而普通的快乐，这就是生命拥抱年轻的秘诀！

第二章

放下压力——累与不累，取决于自己的心态

心灵的房间，不打扫就会落满灰尘。蒙尘的心，会变得迷茫。我们每天都要经历很多事情，开心的，不开心的。这些不开心的，都在心里安家落户。事情一多，心就会变得杂乱无序，然后也跟着乱起来。有些痛苦的情绪和不愉快的记忆，如果充斥在心里，就会使人委靡不振。所以，扫地除尘，能够使黯然的心变得亮堂；把事情理清楚，才能告别烦乱；把一些无谓的痛苦扔掉，快乐就有了更多、更大的空间。

上帝不可能把什么都给你。紧紧抓住不快乐的理由，无视快乐的理由，就是你总是觉得难受的原因了。

01 快乐的理由

人生，快乐是需要理由的。

不快乐也是需要理由的。

什么都有好的一面和不好的一面。

每个人都有自己快乐的理由，也有自己不快乐的理由。

关键是，你是否主动去寻找那些快乐的理由。

比如，有的人工作轻松，自由，压力小，但工资有点低。他要想感到快乐，眼睛就不能老盯着工资低不放，而应该多想想——自己多自在啊。

反过来，有的人工资很高，但压力大，不自由。他要想感到快乐，眼睛就不能老盯着工作压力大不放，而应该多想想——自己的工资待遇是大多数人所没有的。

上帝不可能把什么都给你。

紧紧抓住不快乐的理由，无视快乐的理由，就是你总是觉得难受的原因了。

当你感到实在承受不了的时候，要及时给自己减压。

02 正视压力

一位女大学生，快毕业了，利用寒假在沿海城市找工作，开学前在网上碰到我，跟我诉苦“找不到工作，压力很大”；我的外甥，在深圳的一家外企工作，任设计主管，属于高级白领阶层，是许多人羡慕的对象，但他却常常对我说“在外面打工，压力实在太大，我都快承受不住了”。我在大学教书，上上体育课，业余写写文章，大家都觉得我逍遥自在，收入呢，比上不足，比下有余，既有双休日，又有带薪的寒暑假，其乐也陶陶，赛过活神仙，而实际上，我的压力也无时不在，无处不在。评职称、拿学位，同事们都在行动，我不能太落伍；结婚、买房，也要排上议事日程；年过七旬的父母，身患疾病的姐姐，为前途所困扰的小侄女，无一不是我担心的对象。经济和精神的双重压力，重重地落在我的双肩上，除了勇敢地挑起担子，我别无选择。

人，哭着喊着跑到这个世界上来，面临的首要问题就是生存。要生存，就必然遇到竞争；有竞争，就必然有压力。所以，只要你选择活着，就注定要承受生存所带来的各种各样的压力，如升学、就业、晋职等，不胜枚举，不一而足。我们只有勇于正视压力，学会承受压力，才能在日趋激烈乃至残酷的生存竞争中，永远立于不败之地。

当过运动员或看过运动员训练的人都知道，为了增强腰部和下肢力

量，运动员常在教练的指导下做一种压杠铃的负重练习。通过压杠铃的练习，运动员的力量尤其是腰部和下肢力量会迅速增强，奔跑和跳跃的能力会突飞猛进。当然，杠铃的重量一定要适当，轻了效果甚微，重了运动员受不了会闪了腰，而且杠铃重量的增加要因人而异，循序渐进。由此我想到，这杠铃，就像我们人生在世所必须背负的压力，适当地背负一些压力，既能锻炼个人的能力，也能促进社会的发展和进步。但压力过度，突破了身体和心理的极限，就会使人身心俱损，甚至彻底崩溃。当你感到实在承受不了的时候，要及时给自己减压。

于是，在网上，我对向我诉苦的女大学生说："压力，就像我们平时训练时的杠铃。每天都压压杠铃，才有足够的力量奔跑和跳跃啊。"下次如果遇到外甥，我也要把这句话送给他，当然还要补充一句："记得时时调整你那副杠铃左右两边的杠铃片。"

人生的道路千万条，你只有量力而行，才不至于总因目标得不到实现而痛苦不堪。

03　量力而行

只有两碗饭的肚量，却硬是要自己每餐吃三碗，你不难受才怪。

只能挑一百斤重的担子，却硬是要自己挑起两百斤，你不受伤才怪。

同样的道理，明明做不到的事情，你偏要去做，那你一定会被生活压得喘不过气来。

《左传·隐公十一年》有曰："度德而处之，量力而行之。"《左传·昭公十五年》有曰："力能则进，否则退，量力而行。"唐朝吴兢在《开元升平源》里亦云："朕当量力而行，然后定可否。"由此看来，"量力而行"的意思是，有多大的能耐，就做多大的事，切勿勉强。

如果你没有很好的声音条件和音乐素质，你就最好不要去做歌星的梦。如果你没有很好的身材，你就最好不要去做舞蹈家的梦。如果你连简单的句子都写不通顺，你就最好不要去做文学家的梦。如果你并不具备出色的运动天赋和身体素质，你就最好不要去做奥运冠军的梦。人生的道路千万条，你只有量力而行，才不至于总因目标得不到实现而痛苦不堪。

所以，我们要正确地估量自己，不要去做自己力不从心的事情。"盈则满，花至半开，酒至微醉，是为最佳。"做自己无法胜任的事情，无疑是自找苦吃。

人，只有量力而行，该放就放，当止则止，才能在轻松快乐的节奏中，收获真正应该属于自己的那份成功。

把一些无谓的痛苦扔掉，快乐就有了更多更大的空间。

04　收拾心情

忙忙碌碌了好一阵子，终于可以稍微轻松一下了。接下来还有很多事情要做，于是利用一点点放松自己的时间，整理陋室。

因为忙，这段日子房间里乱得很，书桌上、电脑桌上是堆积如山的书刊、稿子，书柜上摆满了小物件，地板也脏得不成样子。早就想好好打扫和整理一下了，今天终于痛下决心。一早起来，先草草地抹一遍桌子，扫一遍地。把书刊归一下类，放到书架上去。扔掉一些没用的废纸和看似有点用却实际上一辈子也不会派上用场的小东西。吃了午饭，睡一觉，便起来拖地，仔细清理床上和书架上的东西。这样一来，整个房间就又有了焕然一新的感觉，甚至连光线都亮多了，待在里面简直舒适得很呢！

像房间一样，我们的心情也是需要经常收拾收拾的。原来有很长一段时间，我都活得很累很忧郁。但在2006年却像变了一个人似的，每天都很快乐，每天都精神抖擞。而我的秘诀就是收拾心情。

心灵的房间，不打扫就会落满灰尘。蒙尘的心，会变得灰色和迷茫。我们每天都要经历很多事情，开心的，不开心的，都在心里安家落户。心里的事情一多，就会变得杂乱无序，然后心也跟着乱起来。有些痛苦的情绪和不愉快的记忆，如果充斥在心里，就会使人委靡不振。所以，扫地除尘，能够使黯然的心变得亮堂；把事情理清楚，才能告别烦乱；把一些无谓的痛苦扔掉，快乐就有了更多更大的空间。

我认为，不管昨天发生了什么，不管昨天的自己有多难堪、有多无奈、有多苦涩都过去了，不会再来，也无法更改。就让昨天把所有的苦、所有的累、所有的痛远远地带走吧，而今天，我要收拾心情，重新上路！

收拾心情，重新上路，轻松的旅程将伴随着愉快的收获与你一起度过人生的每一段岁月！

让感动的融融暖意，永远留在心中，即使有一天你不得不背负巨大的苦难，也不会放弃对生活的热爱。

05 珍藏感动

正月在老家，有一次，跟母亲和侄女坐在一块儿闲聊，不知谈到一个什么话题，母亲突然笑着说："我晓得你写的第一本书是什么名字。"我和侄女都很震惊，母亲不识字，怎么晓得我那本书的名字呢？而且，那本书的出版，已经是八年前的事情了。"您真的晓得？"侄女半信半疑地问。母亲自信地回答："你莫告诉我，我真的晓得，那本书的名字是——《寻梦的季节》。"母亲果然确凿无疑地说出了我那本八年前出版的诗集的名字。"我没告诉过您，您怎么晓得的呢？"我感动于母亲的这

一举动，便问。母亲很有成就感地笑，舒展开满脸的皱纹：“那个时候，我听你们在讲，就在心里记下来了。”“我还晓得季节两个字是什么意思”，母亲高兴得像个孩子，“季节，就是做什么都要赶季节的意思，就像农民种地耕田一样，什么时候浸谷种，什么时候播种、耕田，什么时候种红薯、种土豆、种麦子，都要讲个季节，错过了季节就会颗粒无收。”母亲没有讲清季节的本意，但却讲出了一番很深刻的关于“季节”的人生道理。一位不识字的母亲，居然还能记得她儿子八年前出版的一本诗集的名字，这也是母爱创造的奇迹啊。感动之余，我更进一步地明白了一个问题，那就是，我们的母亲为什么如此伟大。

前不久，我报名参加了全省计算机应用能力考试，因为只有通过这项考试，才有资格参加职称评审。考试的前一天，我收到一条手机短信，是我的同事龙佩林教授发过来的，他知道我很容易忘记一些生活上的事情，便发条短信来提醒我，别忘了明天的计算机考试。特别令我感动的是，第二天一早，龙教授又发过来一条短信，告诉我考试的确切时间和地点。龙教授是我们体育学院的业务能手、科研专家，平时工作非常忙，而且他自己并不需要参加这项考试，我事先也没说要他到时提醒，但他却帮我问得这么细致，并接连提醒我两次，这种默默的悉心关怀，让我的心头泛起阵阵暖意。

2003 年我在北京，租住在朝阳区甜水园东里 41 号楼。房子不大，陈设也非常简单。有几天时间，我到湖南参加一个会议，回北京的时候，墙上突然冒出几幅手绘的水彩画，小小的房间突然有了生机，有了一种灵动的感觉，不用问，我就知道这画是谁画的。她是学英语专业的，考研时又改学了法律，从小到大都没学过画画，却认认真真地买来水彩笔，在我床边的墙上画了三幅画，无非是想给我回来时一个惊喜，用明丽的色彩，装点我当时由于生活压力过大而稍显黯淡的心情。至今想起，仍觉美丽温馨，久久感动。

人的一生，真的充满太多太多的感动。珍藏起这一点一滴的感动，让感动的融融暖意，永远留在心中，即使有一天你不得不背负巨大的苦难，也不会放弃对生活的热爱。

在乎自己，好好生活，你就不会辜负这阳光下的生命！

06 在乎自己

一个春天的上午，朋友阿黄给我发来短信，说最近几天过得特别郁闷，很想找我聊一聊，问我有没有时间。在我心里，帮朋友排忧解难乃一件义不容辞的事情，我欣然答应了阿黄的邀约。春日的暖阳格外的美丽柔和，可漂亮的阿黄却是一脸的黯然。我们在田径场的四百米环形跑道上走了一圈又一圈，我终于渐渐听出了些眉目。原来，阿黄的郁闷，还是与爱情有关。她与男友分手后又和好，在和好不到两个月的时间里，她发现，种种迹象表明，他不是很在乎她。比如他外出时答应了帮她买

手机，但他把她打到卡上的钱用了，自己买了衣服，回来时却连手机的影儿都没见到。比如她生病去医院，他明明有时间，却根本没想到要陪陪她。比如他常常当着她的面，跟别的女孩子打电话聊得火热，以前的女朋友给他买的东西，他不仅随随便便就拿出来用，还要告诉她，这是哪一任女朋友给他买的，那又是哪一任女朋友给他买的，一点也不考虑她的感受。我听了真不知该怎么安慰她，因为我的判断，毕竟代替不了她的选择。我说得最多的几个字就是顺其自然。谈完心后，她走了，似乎依旧茫然。我又发了一条短信给她："快乐起来，自己把自己的每一天过好，不一定要别人在乎你，但自己要在乎自己。"

这条短信确实是我的心里话。我觉得，人生在世，如果别人不看重你，你一定要看重你自己；如果别人不在乎你，你一定要在乎你自己。自己看重自己，自己在乎自己，最后，别人才会看重和在乎你。

在乎自己，就要看重自己的身体。人活着，健康是第一位的，有健康才有一切。要吃好穿暖，注意保健。要时刻记挂自己，天冷了别忘了加衣裳，天热了别忘了防中暑。不管有多忙，要挤时间休息休息，不到万不得已的时候，不要通宵达旦地工作，要充分享受睡眠，实在不能睡觉的话，闭目养神一下也好。多读点养生的书籍，克服抽烟酗酒打牌赌博的陋习，养成经常锻炼的习惯。有空就去旅行，再忙再累，也要给你的心灵放放假。套用一句老话，身体是革命的本钱，留得青山在，不怕没柴烧。

在乎自己，就要看轻人生的荣辱。荣也好，辱也好，要坦然视之，以平和的心态去面对。荣不骄奢，辱不丧志；得不漂浮，失不委顿。请记住，没有人会永远幸运，也没有人会永远不幸。荣时，请一笑而过；辱时，也请一笑而过。正如古人所言："宠辱不惊，闲看庭前花开花落；去留无意，漫随天外云卷云舒。"

在乎自己，就要看淡尘世的痛苦。人类带着原罪来到人间，当然免不了受到上帝的惩罚，所以痛苦是必然的，上至君王，下至苍生，谁也无法逃脱。不过，"痛苦"二字，虽然又痛又苦，但它实在没什么大不了的。对于智者来说，"痛苦"不是毒药，而是一种特殊的滋补品。当"痛苦"袭来的时候，请务必把它轻轻含在嘴里，嚼碎吞下去，一点一点地慢慢消化掉，假以时日，它必能营养你的身体，强健你的人生。

在乎自己，就是自己爱自己，自己关心自己。在乎自己，就是健康、快乐、平静而有尊严地活着。在乎自己，就是忽略所有对自己不利的因素，默默地做好自己应该做的一切。

在乎自己，好好生活，你就不会辜负这阳光下的生命！

成功者总能把嘲讽当做一块又一块砖头，码在前行的路上，失败者却将嘲讽砌成了一堵墙。

所有的坎坷都是路，所有的痛苦都是另一种幸福。生活是需要勇气的，每个人都有被生活逼到悬崖边的时刻，也许勇敢地纵身一跃，就能跳成一挂雄奇壮观的瀑布。

07 纵身一跃

一位大学老师，有点不安于现状，就请假到外面去转了转。那是商潮滚滚的 20 世纪 90 年代。

他去的地方比较远，因为一件意外的事情，结果回来晚了。系领导本来就对这个不安分的年轻人有看法，终于抓到把柄，给了他一个比较严厉的处分。

“屋漏偏逢连夜雨，船破又遇顶头风。”处分下来没多久，女朋友又别他而去。生活突然把他逼到险峻的悬崖边上。

心境悲凉的他，干脆选择了辞职。十年后，他畅游商海，身家过亿，成了真正的商场精英。

所有的坎坷都是路，所有的痛苦都是另一种幸福。生活是需要勇气的，每个人都有被生活逼到悬崖边的时刻，也许勇敢地纵身一跃，就能跃成一挂雄奇壮观的瀑布。

人，在巨大的生活压力面前，只有像小草一样，自己蓄足力量，猛地呐喊一声，无所畏惧地站立起来，才能撑开一片属于自己的天空。

08 走弯路

表弟在深圳做酒店管理多年，因为兴趣和其他多方面的原因，于 2006 年年初转战北京，成为“北漂”一族。在北京，他没有做他所熟悉的酒店管理，而是做起了他一直非常感兴趣的文化产业。

他到北京后，我们经常打电话或发短信联系。有一次，我发短信问他在哪里，他告诉我：“在公交车上，不熟悉线路，常走弯路。”我对他说，刚到一个陌生的地方，对环境不熟悉，走弯路是很正常的，就跟刚到一个全新的领域工作，要走很多的弯路一样。

奋斗与成功之间，根本就没有直线距离。成功者总是在走了很多弯路后才抵达目标的。成功需要摸索，摸索的过程其实就是走弯路的过程。我们不管做什么事情，首先当然是要尽量避免少走弯路，但走了弯路也不要急躁，更不要感到茫然。走弯路并不可怕，弯路走多了，自然就知道直路在哪里了。

人生，真的不能一条道走到黑。当遇到“此路不通”的标志时，最好早点儿换一个方向走。

09 换一个方向走

我的一位老师，曾经教过这样一个学生，考大学考了八年，真正的“八年抗战”。

他的家庭条件很苦，但幸运就是不肯垂青于他，每次都差那么几分上线。可以想象，读得胡子拉碴的他最后黯然离开学校的那一刻，是多么的痛苦和绝望。

命运终于有了转机。他回到农村，意外地受到乡党委的高度器重。因为 20 世纪 80 年代的中国贫困农村，高中毕业生可是高学历青年啊。

他当了村长，接着又当了乡长、镇长，一路春风得意。

锲而不舍是一种可贵的精神，而当遇到走不通的路时，依然一味地坚持，就走向了锲而不舍的反面。比如你喜欢一个女孩子，而她却对你没感觉，你的锲而不舍只能徒增自己的烦恼和别人的反感。

林语堂说：“明智的放弃胜过盲目的执著。”人生，真的不能一条道走到黑。当遇到“此路不通”的标志时，最好早点儿换一个方向走。

每一个生命都是一个独立的个体。自己的生命，就要自己做主。学会为自己做主，你会感到一种前所未有的快乐。

10 学会为自己做主

朋友曹给我打电话，说遇到一个很烦恼的问题，不知道该怎么解决。一问才知道，她在自己的人生选择方面陷入了矛盾之中。

她是学外语专业的，在一所大学读专科。她想考取导游证，大专毕业后去做导游。可她的家人和朋友却不赞成她的选择，都希望她专科毕业后继续读本科，然后找一份教师或公务员的工作。她要我帮她出出主意。我对她说，你自己喜欢做什么就选择什么。我的理由是，人就只有这一生，能做自己喜欢的事情才是最幸福的。她说她想做导游，想早点儿步入社会。我说，那你就自己为自己做主吧。她突然为难地告诉我，长这么大，她还从来都没给自己做过主，一切的一切都是父母安排的。我笑着说，那你就学着自己为自己做一次主啊。她听完我的一番见解后，终于决定为自己做主，明天就回去说服父母。

生命毕竟是自己的，自己的生命应该自己做主。小时候，我们还不懂事，所以父母为我们安排一切。这只是生命在成长中的一段历程。当我们长大到一定的年龄，就应该自觉挣脱父母的手，用自己的思想辨别方向，用自己的双脚走人生的道路。在美国，孩子年满 18 岁后就算是独立了，包括思想上的独立和经济上的独立。年满 18 岁的美国孩子，在事

业选择上有自己的主见，在经济上尽量不再依赖父母，甚至在爱情问题上，也不再受父母的干涉。所以，美国孩子的独立意识是非常强的。我认为，到了一定的年龄段，父母就应该把选择的权力交还给孩子，而作为孩子，也要主动地争取为自己的生命做主的权力。

每一个生命都是一个独立的个体。自己的生命，就要自己做主。学会为自己做主，你会感到一种前所未有的快乐。

在人生的道路上奔跑，我们在往前看的同时，也要留神脚下，因为一个小小的绊脚石就可以使你重重地摔一跤。

11　摔跤

在县城一朋友家借宿一晚后，早晨为了抗拒寒冷，出门时一路小跑。突然，脚下被什么东西绊了一下，身子猛地向前一扑，重重地摔倒在地。

这么大一个人，怎么会在平地摔一跤呢？爬起来后，我试图找出原因。

原来，朋友家的大院门中间砌了一个小小的门挡，我就是因为跑出来时未看脚下，被那小小的门挡绊倒的。按理说，我跑得并不是很快，被绊一下也不至于摔出去多远。可我的双手是插在裤袋里跑的，被绊后未能及时抽出来调节平衡。如此一分析，摔了跤真不能怪那个绊我的门挡，主要原因还在自己身上。

在人生的道路上奔跑，我们在往前看的同时，也要留神脚下，因为一个小小的绊脚石就可以使你重重地摔一跤。万一被什么东西绊住了脚，及时调节心理的平衡也很重要，一定不可以在奔跑的过程中，让心灵的“平衡器”闲置啊！

努力做最好的自己吧，每个人都可以成为一道亮丽的人生风景！

12 平凡与卓越

小草是平凡，高山是卓越。

小溪是平凡，大海是卓越。

小树是平凡，大树是卓越。

小草没有高山一样挺拔的身躯，但却以绿色的秀美装点了这个世界。谁能说平凡的小草，没有一颗卓越的心灵呢？

小溪没有大海一样壮阔的风景，但却以自己的一点一滴，竭尽全力地充实着地球上所有的水域。谁能说平凡的小溪，没有一颗卓越的心灵呢？

小树没有大树一样伟岸的风姿，却同样以自己的力量，与大树一起托起一片浩瀚的森林。谁能说平凡的小树，没有一颗卓越的心灵呢？

我们生活的这个世界，既有大鸟的高歌，也有小虫的啾唧。小虫的

啾唧告诉我，是生命，就没有理由拒绝歌唱——不能引吭高歌，那就浅唱低吟！

努力做最好的自己吧，每个人都可以成为一道亮丽的人生风景！

迷茫往往是成功的前兆。如同早晨有雾的天，相信过不久必定是个大好的晴天。正视迷茫，然后决然地走出迷茫，成功必将指日可待！

13 迷茫是成功的前兆

一早就收到表弟的短信：“四哥，我又度过了一个不眠之夜，想想自己年纪不小了，事业在哪行都无着落，我好迷茫。”当兵出身，在深圳混得还算不错的老弟突然发出如此感叹，不禁让我小吃一惊。

诚然，一生那么长，要走太远的路，要面对太多的人、复杂的事，所以，每个人都会遇到迷茫的时候。迷茫，是一种再平常不过的生命状态。

就像大雾天，骑着单车去上班，根本看不清前面的路，怎么办？继续骑车，有发生交通事故的危险，下车推着车子走，铁定会迟到。如果我是那个骑车上班的人，我还是会选择下来，慢慢地推着车子走。因为焦急也没用，雾不会因为我的焦急而散去。迟到一会儿并不要紧，大不了先打电话请个假，发生交通事故可是性命攸关啊！

所以，迷茫的时候，我们最需要的是学会安静。急躁只能急出乱子来。迎着迷雾走，要么会走错路，要么会碰得头破血流，何苦呢？学会安静地面对现实，安静地梳理自己纷乱的心绪，安静地等待迷雾散尽太阳出来，你会发现，生活仍然是那么的安详和美好。

遭遇迷茫真的并不要紧，怕只怕你的头脑没法安静，任凭自己在灰色的迷茫中横冲直撞。每个人都有迷茫的时候，迷茫往往是成功的前兆。如同早晨有雾的天，相信不久的将来必定是个大好的晴天。正视迷茫，然后决然地走出迷茫，成功必将指日可待！

没有什么事情是一帆风顺的，遇到困难时，更要挺起胸膛。只要勇敢地挺起胸膛，再大的困难都吓不倒你！

14 遇到困难时，更要挺起胸膛

那次，遇到一件很伤脑筋的麻烦事。原本应该过得很舒心的国庆长假，在一连串的担忧中度过。

我原本是个很乐观的人，但遇到某些棘手的事情，光有乐观是不够的。更要紧的是，尽快想办法来解决。而生活偏偏简单得过于复杂，让我陷入短暂的迷茫与焦虑当中，不知如何是好。

于是，晚上我给二姐打了个电话。二姐是个充满智慧的女强人，我在外面遇到什么困难不能解决时，总是首先向二姐倾诉，在二姐那里，定能找到妥善解决问题的金钥匙。

一接电话，二姐就听出了我内心的不愉快。在她的追问下，我把自己遇到的麻烦事跟她一一道来。

二姐帮我认真地分析了一下，然后，没上过大学的她说了一句很有哲理的话：“没有什么事情是一帆风顺的，遇到困难时，更要挺起胸膛！”

这句话，顿时给了我巨大的力量。

其实，二姐当时遇到的困难，比我的困难不知道大多少倍。她身患重病，在刚动完手术不久便要为了家庭继续为生计操劳。但她的精神并没有被病魔压垮，依然昂首挺胸地走在人生的道路上。

第二天，天气晴，在校园小径上迎着阳光走着，我想起二姐的话，努力挺起胸膛，顿感前方的艰难少了许多。

如今，二姐不幸离开我们已经三年多了。但二姐的话，仍然是我战胜一切困难的法宝。每当有困难冷不防地袭来，二姐就会在我耳畔亲切地叮咛：“没有什么事情是一帆风顺的，遇到困难时，更要挺起胸膛！”

只要勇敢地挺起胸膛，再大的困难都吓不倒你！

生活是一种态度。笑对人生吧，不论成败！

15　笑对人生

前任中国女排主教练陈忠和，卸任前写了一本书，书名叫《笑对人生》。

陈忠和是一个“以执着感动中国”的男人，二十多年来，“忍受着兄逝妻亡父死母瘫的痛苦，面对着种种难以排除的非论”，选择坚强，笑对人生，最后终于率队冲破了坚冰，带领中国女排站在了世锦赛和奥运会的最高领奖台上。

《笑对人生》封底有这么一段文字：“他带领中国女排赢得了一座阔别了17年的冠军奖杯。他把自己面对人生的不幸坎坷的生活态度融入体育中。他不仅在教女排姑娘们怎样打球，更在引导女排如何面对人生荣辱。他使女排真正感受到什么是体育的魅力。他使女排和他一样，无论面对成功还是失败总能面带微笑。这种微笑发自内心，也因此更加动人。”这段文字如一排惊天的巨浪，带着生命的浩大之音，猛烈地撞击着我的心扉。

在人生追求的道路上，一帆风顺只是一个美好的愿望罢了，坎坷和磨砺总是不可避免的。只是，在坎坷和磨砺作为考验来临的时候，有的人泪流满面地选择了放弃，有的人则选择了微笑着去坚持。

我想起另一个体坛人物——王非，一个失败的英雄！这位当年叱咤风云的篮球少帅，却因2002年亚运会上一次偶然的失利，遭受了太多的非议和太沉重的打击。当他默默地脱下主帅的战袍时，谁能够理解这位曾经为中国篮球做出过巨大贡献的落魄英雄的内心呢？让我感到欣慰的是，王非从主帅的位置上下来后，姚明把自己得到的第二枚全明星戒指托人带给了他。姚明说：“在我见过的所有中国篮球教练里，王非是对篮球最专注的一个。他教给我很多东西，只可惜我懂得太晚。”目前，王非正全力打造他的王非篮球训练营，以另一种方式继续着他对篮球事业的

梦想和痴狂。王非沉寂了，但他没有消失，我们偶尔还能在电视屏幕上看到他自信的身影和颇具男人魅力的笑容。

生活是一种态度。笑对人生吧，不论成败！

奔跑着追求目标是一种境界，竭力地挑战极限是一种快乐，微笑着超越苦难是一种幸福。

16 累与不累，取决于自己的心态

曾经有一段时间，我每周都要跑一个 10 000 米。

这是一种体能训练，意志力训练，于我更是一种目标训练。

25 圈，倒着数，跑一圈就少一圈，离目标越来越近，有一种成就感。

25 圈，顺着数，跑一圈就多一圈，离目标越来越近，还是有一种成就感。

有人问我这样不是很累吗？我想，累与不累，最终取决于自己的心态。做自己愿意做喜欢做的事情，累也是一种享受，一种快乐。就像背自己喜欢的女孩爬山，累得气喘吁吁也会畅快无比。而有时候，躺在床上不动未必比跑 10 000 米更轻松呢！

在宽阔的运动场上，体会用力呼吸的快感，感到困难的时候仍然努力地面带微笑。我发现，奔跑着追求目标是一种境界，竭力地挑战极限是一种快乐，微笑着超越苦难是一种幸福。

人生没有死胡同。转个弯，生活依然美好！

17 转个弯，生活依然美好

那一年，我十七岁。十六七岁的年纪，半大不大的，情绪极易波动，是人生的一个非常时期。由于一些我在此不便交代的原因（也许是我心里永远的秘密），我心情很坏，对学习怀有很强的厌恶和抵触心理。我在学习上越来越懒散，而且经常小错不断。我的班主任老师由于种种原因，教育方法不得当，激起了我更加强烈的逆反心理。一次物理测验，很多题目都不会做，我打算不交卷了，便在试卷后面写字发泄，被物理老师发现。他勃然大怒，把我的试卷撕得粉碎，并随即报告了班主任老师。一波未平，一波又起。那天做早操，作为体育委员的我，没及时醒来，忘了起床带操，被学校扣了班里的操行分。如果我没有记错的话，因为这两件事情，班主任老师要我回去请家长来学校配合教育。而那时我最害怕最反感做的事，一是写检讨，二是请家长。怕写检讨是因为我在小学、初中一直成绩优秀，名列前茅，从来只得过奖励和表扬，不知检讨为何物，一旦要写检讨书，自尊心肯定受不了；怕请家长，则实在是不愿看到一生含辛茹苦的父母到学校来活受罪。我的父母都是没读过书的人，把老师和学校都看得无比神圣，一旦被老师传唤去学校配合教育儿子，一定会以为自己的儿子在学校犯了“弥

天大错”，以至伤心不已，肝肠寸断。然而偏偏命运不济，这两件我最害怕的倒霉事，一起降临到了我的头上。那一刻，面对班主任老师冰冷无情的目光，我稚嫩的心在破碎。最后，我选择了退学。那是一个风雪交加的日子，我狠狠心走出校门，撑着一把青布伞，艰难行走在茫茫无边的雪野上。大风夹着雪花，冷冷地扑打在我的伞上和身上，多少年过去了，依然无法抖落、无法融化。

茫然无助的我，那天并没有回家。没有学上了，我真不知该如何面对年迈的父母！我的心可以碎一千遍，一万遍，因为那是我自己不争气，但我绝不能让年老多病的父母本已被岁月之刀割得伤痕累累的心再度碎裂，哪怕一次，仅仅一次！我去了我初中时结识的好朋友家。他是我最亲密的知己，初中毕业后，他没有选择继续求学，在家里当木匠，但我们的交往并没有因此中断，有时他到学校来看我，有时我跑到他家里去谈心，两人总能从对方那里获得理解和支持，鼓舞和力量。这次，永新兄和他的家人都极力劝我不要放弃学业。经过一番复杂的思想斗争，我最后决定重返学校。这样，在永新兄家里待了将近一个星期后，我又跨进了发誓今生再也不走进一步的校门。

父亲还是无法避免地去了一趟学校。情况并不像我想象的那样糟，班主任老师并没有把我说得一无是处。然而，毕竟我的心已经动摇过，而且情绪的波动仍在继续，我对学习的兴趣，似乎再也提不起来。一个月后，我再次离开了学校。在一位当老师的亲戚的建议下，姐姐给我在区医院开了个“神经官能症”的病假证明，并凭这个证明为我办了休学证。虽然我已对天发誓再也不上学了，但细心的姐姐还是想方设法为我留了一条退路。

回了家，就算步入社会了。步入社会便必须做一个顶天立地的男子汉，怎么还好意思再吃现成饭呢？因此，我得千方百计谋求一条赚钱的门路，自食其力，自己养活自己。那时候，装衣服的木衣柜在湖南湘潭、衡阳、邵阳及江西等周边省、市的许多地方销路不错，我的家乡产木材，做衣柜卖的很多。我开始跟陈家山姑妈家的四表哥学做衣柜。

当木匠说起来简单，可真正学起来又谈何容易？一双拿惯了笔墨纸砚的手，突然拿起沉重的刨子斧头，那种无奈和心酸的感觉，只有我自己才能够理解和明白。磨刨子，掏锯齿，锯木料，刨木板，镶木板，砍木料，凿眼，打钻，划木线，做虎脚……这一系列的工序，学得我头昏脑涨。最难熬的是陪表哥他们上山去买木材。坐手扶拖拉机上去，还要走好几里山路。夏天的阳光火辣辣地晒在我未经风霜的肌肤上，实在难受得很。从选木材到讨价还价到最后买定，往往需要大半天的时间。加上中午又没饭吃，回家时常常连说话的力气都没有了。背部因为暴晒过度而钻心般火烧地痛，晚上睡觉时连翻个身都不敢。然而，这一切生活上的困难和内心的极度煎熬，我都默默地接受了。既然人生已经走到眼前这一步，除了默默地接受一切，坦然地面对现实，我也别无选择！

也许天生是块当木匠的料吧，我只在四表哥家学了一个多月，便胸有成竹地宣布“出师”了。四表哥在一位老木匠家给我开了一套工具，用怀疑的目光打量着我，送我上路。他们的怀疑并不是没有道理的，因为当时我还没有独自完整地做过一个衣柜。但我很快就用铁一般的事实，

消除了他们心中的疑虑——在朋友的热心帮助下，我做成了平生的第一个衣柜。母亲见到我的成果后非常高兴，马上喊人来看货。喊来的衣柜商是院子里的熟人，他打量了又打量，直夸我聪明，做得好，出 82 元钱买了去。当时老师傅做的也只能卖 90 元左右一个，我初次做就卖了 80 多元，自然感到很满足。可是动手做第二个时，我就有点不耐烦了，总是做做停停，以看书写作来打发寂寞难耐的时光。也许是现实的强烈反差依然在无情地纠缠我的心灵吧！父亲从小热爱劳动，以劳动为荣，懒惰为耻，他见我磨磨蹭蹭，急得不行，动不动就发火。父亲发火时，母亲便三番五次地上楼敦促正在书海中畅游或在稿笺上疾书的我："崽，快去做啦，你爹在发脾气呢！"劝了我后又去劝父亲。有一次，母亲下去对父亲说："莫催他，他在看书。"没有读过书，一生只会用锄头和犁耙在土地上写字的父亲听后，勃然大怒："书都没读了（学都没上了的意思），还看什么书？"声音大得足可以刺穿厚厚的楼板。我听见了，痛苦地摇摇头，内心一片空洞和茫然。我丝毫没有责怪父亲的意思，但我深深感到，我的日子，再也不能这样过下去！由于情绪极坏，加上手艺到底没完全学到家，第三个衣柜做得糟糕透顶，竟无人愿意要。我真是苦闷得透不过气来。左邻右舍有钱或有点地位的人家的儿子，做的活儿就是比我的更差，附近的衣柜商也争相去订货。而我做的，却要母亲费尽口舌去请那些人来看货。不给面子的干脆不来，给个面子的，也是过来看看后，将我的货贬了又贬，摇摇头便走了。特别让我气炸肺腑的是，一位好心的堂叔出于关照，要我们把货送过去，几天后又捎信要我们到发车的地点把它抬回来——他们是三个人合伙做生意的，据说另外两个合伙的人坚决不要，怕我的货到外边脱不了手。我清楚地记得，那天阳光很毒，一如我喷火的愤怒。在与父亲抬回衣柜的路上，我真恨不得将它砸得粉碎！

我真不愿再与刨子斧头打交道，后悔那样匆促地步入社会，不久便复学了。重新回到学校里，眼前的路蓦地开阔起来。

人生没有死胡同。转个弯，生活依然美好！

执着，不是固执的代名词。有时候，后退也是一种人生的智慧。

18 执着，不是固执的代名词

多年前，我写过的一首题为《敲门》的散文诗：

你有一座十分精致的小屋，小屋里藏着一个美丽的诱惑。多少次走到你门边，举起的手却迟迟没把门叩响。

难道就这么轻易放弃吗？真没想到，先挡住我的却是我自己设置的门——怯懦！

不，我不愿做那懦夫，我要鼓起勇气敲响那幸福的门。

咚咚咚，咚咚咚。

终于，我的手叩响了你的门。然后便静静地等待，等待你高跟鞋轻叩地面的优美的节奏响起。

然而，等到的却是你坚定的话音："回去吧，这扇门，现在谁叩也不

会开！”

“但我一定要进来的！”

“你还是抓紧时间去做你目前该做的事情吧，门，总要到能开的时候才开！”

我明白了，并不是所有的门都是能够随便开启的。拖着沉沉的双腿，我走了。但我还会回来，一百次一千次地将你的门叩响。当然我再来的时候，会带上一份使你倾心的见面礼。

我真的还会来的，而且愿意一直等下去，如果你的门终究会开！

执着，不是固执的代名词。与其固执地敲门不已，不如后退一步，进一步打造自己的实力。有时候，后退也是一种人生的智慧。

自己处于强势时，尚且需要巧取，处于弱势时，就更加不能硬拼了。有时候，放弃也许是最好的选择。

19　放弃硬拼

太极拳之所以优秀，长盛不衰，在国内外都深受欢迎，依我看，除了它有很好的健身效果之外，还在于它的拳理是相当科学的。比如，太极拳强调松静自然，放弃拙力，以柔克刚，借力打力。

由于职业和兴趣爱好的原因，我经常观看散打比赛。有的运动员本来身体素质非常不错，力量大，速度快，但只知道硬拼硬打，一旦遇到脑瓜子比较灵活的对手，优势往往就在一瞬间转化为劣势了。2000年有一场比赛，是国内顶尖高手李明对阵当时实力稍弱的郑裕蒿，当时我在北京奥体中心的中国散打王争霸赛现场观战。前面四局，咄咄逼人的李明明显占据上风，雨点般的重拳，打得郑裕蒿只有招架之功，没有还手之力，郑裕蒿险些被KO（重拳击倒之意）。李明势在必得，郑裕蒿且战且退。此时，戏剧化的情况出现了，连连后退的郑裕蒿突然来了个漂亮的转身后摆腿，重重地打在如风暴般追击过来的李明的脖子上，刚才还占尽上风的李明反而被KO，实力稍弱的郑裕蒿最终获胜。

自己处于强势时，尚且需要巧取，处于弱势时，就更加不能硬拼了。有时候，放弃也许是最好的选择。而如果遇到只许进不许退的情况，那又当如何呢？

于丹在央视《百家讲坛》为我们讲了铃木大拙书中的一个故事——日本江户时期有一个著名的茶师，这个茶师跟着一个地位显赫的主人。有一天，主人要去京城办事，就要茶师也跟着一起去。那时的日本社会很不稳定，浪人、武士横行无忌。没有武功的茶师很害怕，主人就要他挎上一把剑，扮成武士的样子。到了京城，主人出去办事，茶师一个人在外面闲逛。迎面走来一个浪人，见他挎着一把剑，便向他挑衅。茶师吓呆了，忙说自己是个茶师，并不懂武功。浪人说，你不懂武功却将自己装扮成武士，有辱尊严，更应该死在我的剑下。茶师急中生智，就说，你等我几个时辰，待我把主人吩咐的事情做完，下午我们在池塘边见。

浪人答应了。茶师直奔京城一家最著名的武馆，拜见大武师，请求赐教一种最体面的死法。大武师非常吃惊，忙问其故。茶师把事情的原委详细复述了一遍说，决斗已经不可避免，我只想死得有尊严一点。大武师要茶师为他泡一壶茶，然后才告诉他方法。茶师就认真地照办了，整个泡茶的过程，不疾不徐，异常从容。大武师品一口茶，笑着说，你已经不必死了，用泡茶的心去面对那个浪人吧。茶师若有所悟，谢过大武师就出发了。浪人早在那里等他了。茶师笑着看了看浪人，从容地把帽子取下来，又从容地脱下宽松的外衣，再从容地拿出绑带，把里面的衣服袖口扎紧，把裤腿也扎紧。最后从容地拔出剑来，气定神闲地挥向半空，慢慢停在那里。浪人越看越慌张，最后扑通一声跪在茶师面前说，求您饶命，您是我见到过的武功最高的人。

面对强者，从容笃定，镇静自然。我想，这应该算是一个以柔克刚的经典战例吧！

世界如此宽广，只要你把自己打造得足够优秀，总有一扇门为你敞开！

20 总有一扇门为你敞开

十二年前的七月，我第三次参加高考。我清楚地记得，那三天，火炉一样的县城特别闷热，差一点把我们蒸成馒头。到了第三天老天终于憋不住了，下了一场罕见的大雷雨。这一热一凉，让我这个铁打的汉子也头痛得厉害，考场上不断地往两边的太阳穴涂风油精。考英语的时候，因为头痛，又加上雷声和雨声的干扰，阅读理解根本就看不下去，做完阅读理解所剩的时间便不多了，后面的作文只得草草完成。以至于本可以在语文和英语上占点儿上风的我，英语成绩并不理想。最后我只上了专科的收费线（当年的分数线分三种：公费线、定向收费线和自费线）。之所以后来读了湖南师范大学的公费本科，全因为我在县教委工作的表姑消息灵通以及他们一家人的鼎力相助。那一年，湖南师大以联合办学的形式与各地教委合作，分给各地教委一定的指标，属于联合办学范畴的，可以降低 20 分录取，条件是每名学生必须缴纳 10 000 元联合办学费。表姑在教委主任那里得到消息后，立刻电话告知我二姐，办事果断的二姐当机立断，决定让我去读联合办学。第二天清早，二姐跟表姑风风火火赶到湖南师大设在娄底地区教委的联合办学报名点。可是，工作成员拿到我的成绩一看，就说分数不够。这可急坏了二姐和表姑。还是经验丰富的表姑冷静些，她并没有立刻撤回，而是站在一旁看别人算成绩。我是体育类考生，总分是文化成绩和体育专业成绩之和。细心的表姑发现，有一个考生，专业成绩和文化成绩跟我的一模一样，但他正好上了线，于是要求工作人员重新算一下我的总分，结果当然是我也上线了。为我报上名后，表姑长长地舒了一口气，对二姐说："美芝，还算运气好！看来今年建文上大学没问题了！来，我们去吃一点东西吧！"喜出望外的二姐这才发现，午饭时间早已过了，自己已经饿得不行了。接下来就是筹钱。我父母年事已高，又体弱多病，家里穷得叮当响，别说拿

出 10 000 元钱，拿出 10 000 元的十分之一也难于上蜀道啊。筹钱这个重担自然又落到了二姐身上。二姐回来跟嫂子商量，每人帮我借 5 000 元，通情达理的嫂子尽管自己也并不宽裕，仍然爽快地答应了。去地区教委交钱是我跟二姐一起去的。看到那一叠厚厚的票子，有的还是 10 元一张、5 元一张的，我就知道这钱来得多么不容易。我当时想，我上了大学，一定要对得起这些钱，对得起这么多人为我付出的心血。回家后就是漫长的等待。一个月后，我终于等来了学校的录取通知书。我终于上大学了，命运在 1994 年 9 月拐了一个弯，载着我向一个全然未知的地方奔去。

如愿上了大学，毕业后做了大学老师的我，常常在想，如果我当初没有上大学，后来的人生道路到底会是一个什么样子呢？

当木匠，可能性百分之十。我的家乡产木材，木器加工是父老乡亲的主要经济来源之一。当木匠是很多青少年离开学校后的第一选择。事实上，我 16 岁那年就休学回家当过半年木匠。所以，中学毕业后如果没有继续深造的话，我可能会选择当木匠。当年院子里跟我一起开始学木匠的年轻人，有不少发了点小财，还建起了小洋楼。我自认为在做手工活计方面不会输给他们。所以，十二年后的我应该早已成家立业，出有娇妻相伴，入有儿女绕膝，过上幸福的小康生活。

参军，可能性百分之十。从小就崇拜军人的我，那时做梦都想去参军。而且，表弟初中毕业就参军去了，他到部队后经常与我保持通信联系，他的盖着红色三角形邮戳的来信更加深了我对绿色军营的向往。在描绘了多彩的部队生活之后，表弟总不忘在信的末尾播下一枚诱惑的种子："四哥，你参军吧，像你这种文武双全的人，到部队一定会大有出息的！"在表弟的一再诱惑下，我一定会想方设法去当兵。我从小习武，中学阶段又发表过不少文章，政治面貌也不错，如果成功的话，那我估计现在已经是连长或指导员了。

办武术馆校，可能性百分之二十。新化是全国著名的武术之乡，我从五六岁开始就习武了，而且我在武术方面的悟性非常不错，十多岁的时候已经在方圆数里小有名气。如果没上大学，我可能去少林寺学武，也可能去一些全国闻名的武术学校深造，这些地方去不了的话，就会进新化南北少林武术院。高中时我就给南北武院院长、新化著名武术家邹寿福先生写过信，他的回信我至今珍藏着。在信中，我表达了强烈的学武愿望，但邹先生要我先好好学习，待完成学业后再去武馆。他的这种负责任的精神令我敬佩。如果毕业后专心学武的话，那么，头脑还算灵活的我，三年后将会自己开武术馆。新化县就会从此多一所著名的建文武术学校。当然，我的个人资产没有千万的话也会有数百万。办武馆也有可能失败，但这并不影响我当一个响当当的教练，在自古以来崇尚武术的新化，社会地位也应该不是很差。

当职业作家，可能性百分之三十。中学阶段，我对文学的热爱近乎疯狂。读书和写作，是我当时最重要的生活内容之一。当年休学回家，真正的目的就是当自学成才的作家。只是后来，残酷的生存现实又把我逼回了我发誓绝不再迈进一步的高中校园。对于文学，我不但兴趣很浓，而且特有感觉。我对语言文字有着一种宗教般的虔诚。高中一年级就在省级文学刊物上发表小说的我，起点绝对是不错的。如果没上大学，我

将会有更多的时间花在读书和写作上。加上社会生活比校园生活更复杂也更残酷，所以我的文字必然会更加深刻，更加接近生活的本质。十二年后的今天，我应该已经写出了相当成功的文学作品，在中国当代作家里面，也该有一个不错的位置。没上大学的余华，他的《活着》《许三观卖血记》等文本，不就是三十岁左右的创造吗？

南下打工，可能性百分之十。我中学毕业的时候，改革开放如火如荼，沿海城市深圳的崛起，搞活了南方经济，内地的男女青年，如潮水般涌入广州、深圳、东莞等沿海城市。特别是邓小平同志南方谈话之后，这股汹涌的潮水更加势不可挡。“要发财，到广东”，这是大家耳熟能详的“名言”。我的很多同学、邻居，年轻的或相对年轻的，都纷纷到南方淘金去了。如果在家里不好待的话，我有可能也背一个蛇皮袋子，踏上闷罐般的拥挤不堪的列车，成为打工族的一员。结果大致有这么几个，我要么成为年薪数十万的打工皇帝；要么自己当老板，办起了工厂、企业或公司；要么成了一个为了票子给企业老总高唱赞歌的文化商人。混得最差的话，也该是一位优秀的“打工作家”吧，虽然相对寒酸点，但因为在“钱涛拍岸”的南方，也应该是名利双收的。

当民间画匠，可能性百分之五。文学和武术之外，我还对写字、画画很感兴趣。记得当时每次去县城，我最喜欢去的地方有三个，一个是县体委，一个是新华书店，还有一个就是青石街的画像店。我非常佩服那些画像的人，居然把人画得那么惟妙惟肖。有一年暑假，我在供职于县城某单位的哥哥那里玩，几乎每天都要去画像的那里贪婪地看上半天。有一个画像的师傅见我天天跑去看，就跟我开玩笑：“你这么感兴趣，干脆给我当徒弟算了，好吗？”我笑笑不做声，然后他画他的，我继续看我的。这么多年过去了，青石街改造之后，这些店都神秘地消失了，但我还清晰地记得其中一个画像店的名字：“也叫画像”。很谦虚也很有特色的一个店名。看多了之后，我知道了画像的所有程序，于是，我的心和手都痒痒的，只想自己也动笔画一下。回家后，我就偷偷地画起像来。买不起炭精笔，我用普通的铅笔代替；买不起炭精粉，我就把锅灰刮下来当炭精粉用。我画的第一张完整的人头像是著名演员张瑜，画完后我把它贴在家里的墙上，大家都说画得很像。喜欢表扬我的妈妈居然说：“画得好，画得好，我的崽画画也可以讨呷（谋生）了！”如果我没上大学，我也许真的会靠画像谋生吧。

当专业农民，可能性百分之五。“龙生龙，凤生凤，老鼠的儿子会打洞”，农民的儿子高中毕业回家当农民自然是天经地义的事情。如果以上假设都不成立的话，那我当稳了专业种地的农民。农民其实是一个非常好的职业，永远都不用担心别人跟你抢饭碗，这也是中国独一无二的真正永不下岗的职业！要是当农民的话，在方圆十里，我都算是高学历了，而且在学校当过班长、团支部宣传委员，还发表过数十篇文章，所以，当农民当不了多久，组织上可能会培养我入党，当干部。表现好的话，十二年的时间，我足可以从村干部做到乡干部，再从乡干部做到镇里甚至县里干部。如果努力的话，在某镇当个镇长绝对不是做白日梦。那眼下，我正在带领我的农民朋友们响应党中央的伟大号召，刻苦学习党的方针政策，努力建设社会主义新农村呢！

总之，如果我没上大学的话，我仍然会很优秀。这绝不是自吹自擂。

因为我具备了成功人士必须具备的基本素质：有理想，有追求，有激情，有自信，有强烈的上进心，有永不服输的劲头，有跌倒了再站起来的勇气，有从不冷却的对生命与生活的热爱，有拥抱蓝天和大海的气魄及胸怀，更有一份超越自我的博大的爱与关怀。我坚信我是一粒生命力很强的种子，不管命运把我播撒在哪里，我都会长成一棵苍翠蓊郁、坚直挺拔的参天大树！

我坚持认为，在人生的道路上，遇到了挫折也不要烦恼，更不要气馁。因为，世界如此宽广，只要你把自己打造得足够优秀，总有一扇门为你敞开！

如果你走的那条路已经人满为患，你就不妨侧出一步，另辟蹊径。这样，你不但可以轻松摆脱拥挤的苦恼，还可以更加愉快地欣赏道路两旁的人生风景。

21 另辟蹊径

由于连年扩招，大学毕业生就业难已经成为一大社会问题。在强大的就业压力下，如何轻松谋职，需要实力，也需要勇气和智慧。

龚文亮，湖南吉首大学体育科学学院学生，他的求职“绝招”是另辟蹊径。

龚文亮是湖南绥宁人，他的职业理想是回到家乡去做一名中学教师。可是，他的母校绥宁二中今年偏偏不招体育教师。但他不想轻易放弃。经打听，他获悉该校要招两名生物教师。他突然灵机一动：为什么不去应聘生物老师呢，自己在大学不是学了《运动生理学》《运动解剖学》《运动生物化学》等科目吗？大二那年考试，《运动生理学》还得了全年级第一名呢。于是，他鼓足勇气给该校投了一份求职书。与此同时，他专门找来中学的生物教材，刻苦钻研，认真准备试讲材料。他还利用在吉首市一中跟生物系的同学一起实习的机会，虚心向他们请教问题。而平时，只要一有时间，他就随时请他的朋友们做他的“学生”，让他们听他饶有兴致地上生物课。经过两个月的悉心准备，他感到自己已经成竹在胸了。寒假前，他终于接到了绥宁二中的面试通知。面试结果，绥宁二中的领导对他非常满意，说他是所有去应聘该职位的学生中表现最出众的，他理所当然得到了面试的最高分。与他一起应聘生物教师的，有来自湖南各高校的9名应届毕业生，只有他不是学生物专业的。他是我们吉首大学体育专业2007届毕业生中，第一个与用人单位签约的学生。目前，为了能够更好地胜任自己的工作，他利用毕业前夕最后阶段的闲暇时间，专门请了一位“家教”。他对做好一名中学生物教师充满了信心。

路是人走出来的。如果你走的那条路已经人满为患，你就不妨侧出一步，另辟蹊径。这样，你不但可以轻松摆脱拥挤的苦恼，还可以更加愉快地欣赏道路两旁的人生风景。

人，只有听从自己内心的声音，才能没有压力，活得自在。

22　听从内心的声音

当我还是个孩子的时候，在我的心目中，记者这个职业是无比光荣而神圣的。好像是没有读过多少书的爸爸告诉我的，记者去哪里都不用买车票，只要把记者证一亮，一路畅通无阻。我想，那真是风光无限呀。我还听人说，记者是真正的“无冕之王”，不管你官有多大，名声有多响亮，没有谁敢得罪记者。因为记者是正义的化身，哪里有黑暗和污浊，哪里就有记者的笔和摄像机。被记者曝光可不是那么好受的。另外，记者不但文章写得好，而且口才一流，世界上只有律师的口才能够跟记者相比。

上中学后，因为发表了几篇文章，居然被一家杂志社聘为小记者，当时的我，别提有多高兴了。于是，我也很想当一名记者。但是，由于多方面的原因，我没能考上我梦寐以求的大学中文系、新闻系，而是上了与之相去甚远的体育系。在大学里，我如愿成为校报记者中的一员，而且担任师大南院记者组组长，很是过了一把记者瘾。

2005年，一个偶然的机会，我应邀担任一家大型房地产门户网站的主编，做了半年的房产记者。初到一个陌生的领域，遇到不少困难，但更多的是挑战自己、挑战生活的“痛快”——痛并快乐着。我真正体会到了做记者的酸甜苦辣。这大半年做记者的最大收获是了解了房地产行业，知道了王石、潘石屹、任志强等地产大腕，采访了阳光100总裁易小迪等财富英雄。特别是易小迪的修养和高深的学问，让我从此改变了对一个众说纷纭的行业的看法。

原以为记者是最自由最潇洒的，做了半年记者才发现，记者的自由和潇洒是不存在的。红尘滚滚，记者每天都奔波在喧嚣之中，而通宵赶稿子的痛苦更是如此让人难以忍受。尤其要命的是，记者并不是想怎么写就可以怎么写的。半年后我又回到了我的大学校园。人，只有听从自己内心的声音，才能没有压力，活得自在。我觉得我终究只适合做个书生，在书房中闲适，在净土上隐居。

不久前，有朋友有意让我再度出山，尽管年薪高得诱人，我还是果断地婉谢了。就让做记者的经历永远留在心中吧，从现在起，我只想安安静静地读点书，写点性情文字，做个好老师！

第三章

放下自卑——做一个内心强大的人

不是每个人都可以成为伟人，但每个人都可以成为内心强大的人。内心的强大，能够稀释一切痛苦和哀愁；内心的强大，能够有效弥补你外在的不足；内心的强大，能够让你无所畏惧地走在大路上，感到自己的思想，高过所有的建筑和山峰！

相信自己，找准自己的位置，你同样可以拥有一个有价值的人生。

01 相信自己

离我家不远，就有一座叫做芦茅江的煤矿。托了那煤矿的福，小时候，我们除用柴火烧水煮饭之外，偶尔也能享受一下煤炭带给我们的方便和温暖。尤其在冬天，即使煤炉上架着煮饭的锅，我们照样能够围炉而坐，感受到煤炭的温暖。熊熊炉火，把穿得单薄的身子和一家人的谈笑烤得暖烘烘的。

一炉火烧枯了，便剩下煤灰和煤渣。这本已成为废物的东西，在我们农家，却还能派上用场呢。家里的小孩拉了大便在地上，做母亲的便先大声把狗唤来，狗啃不干净的，便在上面倒一灰斗煤灰、煤渣，用脚掌碾碎，再用扫把一扫，立即干干净净，没有臭味，不留痕迹。

到了落雪落雨的时候，平时积累的煤灰和煤渣，便会被主人派往家门口的坑坑洼洼中。还有一些热心人，除了把自家门口的坑坑洼洼填平外，也将通往村外的大路小路，填得干燥平整，让来来往往的过路人，不至于滑倒或打湿了脚。

后来读了中学，上了大学，发现学校的跑道都是用煤灰、煤渣铺成的。在煤渣跑道上跑步，缓冲作用好，不易扭伤脚，只听到脚下沙沙作响，舒服极了。而且，煤渣跑道既经济，又环保。据说，国外有些学校，

在用了多年的塑胶跑道后，又改修煤渣跑道。因为塑胶毕竟是化工产品，释放的有害物质不利于人体健康。

煤渣，一种原本只能作为废物扔掉的东西，却被人们变废为宝，派上了大大小小的用场。朋友，何愁英雄无用武之地呢？用不着自暴自弃，相信自己，找准自己的位置，你同样可以拥有一个有价值的人生。

不要哀叹，不要自卑，不管有多晚，行动起来，也许下一个奇迹的创造者就是你。

02 不是不可能

复读机发明人钟道隆教授，45 岁学英语，46 岁当翻译，总结出英语学习逆向法，成为著名的英语教育专家。二十多年来，逆向法使成千上万人学会英语，走向成功，逆向英语也成为最有影响力的全国性英语品牌之一。

钟道隆教授创造的无疑是一个奇迹。而我的“老”同学刘教授，更以 76 岁高龄，创造了一个不大不小的奇迹。

2004 年，刘教授 76 岁，是我在北京体育大学进修的同班同学，也是至今为止北京体育大学最年长的学生。他是国内某体育学院的教授，已经退休。关于他为什么这么大年纪还来学习，刘教授跟我们说了两个理由：一是老伴刚刚过世，对于他本人来说，这是一段危险期，年老脆弱的生命，难免抵挡不住悲伤和孤独的侵蚀；二是自己虽然已经是教授了，但总觉得这一辈子还有很多问题没有弄懂，他想自己活一天就要学习一天，在生命走向终结之前，要尽可能多明白一些问题，少留下一些遗憾。

至今记得当时已76岁的刘教授最喜欢坐前排，记笔记最认真，回答老师的问题也最积极。在学位班里，他也应该是旷课缺课最少的一个，即使人数再少，我总能看到刘老端坐在讲台下认认真真地听课。

那天浏览北京体育大学网站，无意间看到刘教授顺利通过硕士学位论文答辩的消息，不禁感慨万千。网站上有刘老答辩时的照片，也有答辩后他跟导师的合影。清瘦的面容，稀疏的白发，以及镶嵌在目光和笑容里的那一种不老的精神，我是再熟悉不过的了。对于刘教授，我一直怀有一种深深的敬意，而今天，这种敬意尤为强烈，如滚滚海潮冲击着我的心扉。刘教授用他智者的言行告诉我，不要为自己的平庸寻找任何自以为合理的借口，不管做什么事情，只要你想做就做，那么，年龄再大也不会晚！

人生啊，为什么总是要在行将失去的时候才懂得珍惜呢？为什么总是要在失去之后让自己去后悔呢？我感到惊讶，当一个一个年轻人都显得老气横秋不求上进的时候，76岁的刘老反而活出了年轻人的风采！这究竟是为什么？

这段时间，我也在努力地学习英语。相对于十几岁的青少年来说，我是已经老大不小了，但大我一倍的刘教授可以创造人生的奇迹，我为什么不能？！

这世上没有奇迹，你就是奇迹。不要哀叹，不要自卑，不管有多晚，行动起来，也许下一个奇迹的创造者就是你。真的，不是不可能！

做人要低调，但绝不是低看自己；处世要谦卑，但奔腾的血液里，绝不可以缺少年轻的豪迈与狂妄！

03　谦卑与狂妄

我对学生说，做人，既要谦卑，又要狂妄。

学生反问我，既谦卑又狂妄，岂不是很矛盾吗？

谦卑与狂妄，确实是一对矛盾的词语。但我的说法自有我的道理：

保持一种谦卑的姿态，胸怀一颗狂妄的心！

文坛上，沈从文是个极其谦卑低调的人。但就是这个人，十九岁那年，从湘西来到北京，留下了一个响彻云霄的声音——北京，我来征服你了！真是何等狂妄！后来，他果真用自己的作品，征服了北京也征服了世界。

做人要低调，但绝不是低看自己！

处世要谦卑，但奔腾的血液里，绝不可以缺少年轻的豪迈与狂妄！

做自己的伯乐，发现自己，肯定自己，挖掘自己，幸福和成功，一定是属于你的！

04 做自己的伯乐

“世有伯乐，然后有千里马，千里马常有而伯乐不常有。”这是十多年前在中学语文课本里学到的一句话，至今记忆犹新。当时，自以为是千里马的我，对于伯乐的期待是如此迫切，而当期待落空之后，便免不了喟然长叹一声：“千里马常有，而伯乐不常有。”

我在中学时就发表了数量不少的文学作品，在校园文坛崭露头角，但数理化却学得相当糟糕。自认为是“文学天才”的我，真希望哪位大学的领导或教授发现我，免试特招进大学读书。据我所知，当时做着像我一样的“特招梦”的“校园才子”确实不在少数。但伯乐终究没有出现，我只有老老实实地啃书本，做习题，雄赳赳气昂昂地走向黑色七月，感受那份千军万马过“独木桥”的火热和悲壮。

出生在全国武术之乡的我，从小酷爱武术，少年时代也称得上是个“英俊小生”，那时候，我最“辉煌”的梦想就是当一个像李连杰一样

的武打影星。我拼命地自学武术，拼命地自悟“表演”之道，可就是没有一个导演到我们这所乡下的学校来选才，因此我不但没有成为“李连杰”，而且也没有主演《一个也不能少》的魏敏芝那般幸运，过一把演员瘾。

伯乐不来，确实是我运气不佳。但我自己发现了自己，而且充分相信和肯定自己的发现。我发现自己是一块写文章的料，心灵敏感，容易动情，善于捕捉生活的闪光点，对事物有自己独到的看法，有一种强烈的表达的欲望，一种天生的对文字的景仰和热爱；我发现自己也是一块练武术的料，身体素质好，模仿能力强，动作一学就会，富有表现力，眼神尤为不错，精气神的传达十分到位，因此，虽然那时候没有被大学特招，也没有像徐克、李安一样的动作片大导演来挑选，我还是把写作和练武坚持了下来。最后，我以武术为特长，敲开了曾经紧闭的大学之门，又以文学为通道，走向了一片美妙无比的心灵的开阔地。这也就是我曾经在我的自我介绍中所说的那个意思：“以武术为职业，谋取生存，以文学为爱好，滋养灵魂。”我不敢肯定今后的我会多么有名，多么杰出和卓越，但我敢百分之百地肯定，因为有了文学和武术，即使永远平凡，我的平凡也绝对与众不同。而在我心中，与众不同的平凡，就是不平凡。

最后，我想要告诉朋友们的是，每一个人都是优秀的，每一个人都是千里马——你是这方面的千里马，他可能就是另一方面的千里马，不要苦苦地等着别人来发现你，没有伯乐，你就是你自己的伯乐。做自己的伯乐，发现自己，肯定自己，挖掘自己，幸福和成功，一定是属于你的！

每个人都是一道风景，就看你怎么去打造，去开发。

05 每个人都是一道风景

“红剪刀”是湘西一个很有档次的美发沙龙。

那天，我去“红剪刀”做头发护理。“红剪刀”的老板在我旁边的位置上给一位女士做头发。他跟她在交谈，讲他创业的经历。我开始没注意听，后来，他的一句话吸引了我。他说，一个人如果没有梦想，没有想法，他一定会一辈子一事无成。这句话从一个正在理发的理发师的口里说出来，让我惊讶和感动。我的注意力完全被他牵过去了。他还说，他很小就出来打拼，吃够了没读书的亏，所以一再教育他的下一辈好好学习。让我难以置信的是，因为家里穷，年轻有为的他竟然小学都没毕业！一个小学都没毕业的乡下孩子，通过多年的摸爬滚打，终于拥有了现在的百万身家，在湘泉品牌步行街买下了一个当街的豪华门面。这真的很不容易。谈话中，他几次提到拼搏精神，说因为自己努力拼搏了，又抓住了机会，所以成功了。他的这种对于拼搏与机会的认识，我想是比百万身家更宝贵的财富。

所有的成功者，在没有成功之前，都是很普通的。有的甚至像“红剪刀”的老板一样，既没有显赫的家庭背景，也没有耀人的学历文凭。他们只是比别人多了一点梦想，多了一点自信，多了一点成就事业必不可少的拼搏精神。

其实，每个人都是一道风景，就看你怎么去打造，去开发。

人生，只要意志的翅膀不断，挑战生活、征服命运的飞翔就永远不会停止。

06 用心灵去舞蹈

2005年春节联欢晚会，有一个叫《千手观音》的舞蹈节目，深深地震撼了我。那是一群聋哑姑娘表演的，看得我泪流满面。我没想到，聋哑人也能创造出如此撼人心魄的美。

《千手观音》的领舞者叫邰丽华，美丽而智慧的她，1976年11月生于湖北宜昌，两岁时因高烧失聪。7岁进聋哑学校，15岁开始舞蹈训练，1992年10月，成功登上意大利斯卡拉大剧院的舞台。2000年，又应邀在纽约卡内基音乐厅演出。她先后荣获全国残疾人艺术会演一等奖、“奋发文明进步奖”个人文艺奖，现任中国特殊艺术协会副主席。

作为一个残疾人，一个15岁才开始舞蹈训练且当时连腿都压不下的聋哑姑娘，却凭着自己对艺术的执着追求，成为我国唯一一个登上世界最著名的两大艺术圣地的残疾艺术家。

在学习舞蹈的同时，邰丽华也没有忘记对知识的热烈渴求，她的大学梦在1994年变成现实，湖北美术学院装潢设计系接纳了她。

邰丽华用心灵舞出了一个美丽人生。她以一种特殊的灵动的语言征服了亿万观众，让我们深受艺术的感染。在邰丽华和众多像邰丽华一样优秀的残疾人面前，我们健全的人还有什么理由悲叹命运？当命运捆绑住我们手脚的时候，我们为什么不能用心灵去舞蹈？

张海迪说："即使翅膀断了，心也要永远飞翔！"这是一种勇气，也是一种境界。人生，只要意志的翅膀不断，挑战生活、征服命运的飞翔就永远不会停止。

每一个人，都是自己生命中辉煌的太阳。

07 做自己的太阳

洒满阳光的星期六，空气温润而甜美。微微流动的风里，带着春天的芬芳。

沐浴在阳光下，我也成了一棵年轻的校园树，浑身充溢着萌动的力量。

学校的球场边停满了小车。新体育馆外，气球和红色拱门渲染着一

种热烈的气氛。湘、鄂、黔边区 2005 届大中专院校毕业生供需见面会在我校举行。体育馆的门口，穿梭着手里拿着简历、身上装扮一新的即将毕业的学子们，让我想起前不久在北京农展馆门口见到的求职大军。

为了解招聘会的情况，我也挤进体育馆内转了一圈。得出的感觉是，现在学生的求职形势很不乐观，尤其是体育生。这次前来招聘体育生的单位非常少。

我想，现在的大学生真的应该改变只求混张文凭的念头了。人才竞争越来越激烈，含金量不足的文凭迟早会如同废纸一般。十年寒窗，若不想功亏一篑，努力培养自己的素质和能力才是明智之举。

很赞成我们的前任校长马本立先生的一个观点，那就是，大学毕业生不要光想着找工作，找不到好的工作，你可以自己创造工作。为什么老是想着给别人去打工呢？

不要因工作难找而自卑，甚至自暴自弃。找好工作和自己创造工作，都需要胆识和实力。胆识是锻炼出来的，实力是打造出来的。大学生路在何方？除了努力，别无选择。举起自信与自强的铁锤，努力把自己锻造成一块真金，根本不用担心没人要。没人要可以自己闪光，照亮人生前程。或者可以这样说，每一个人，都是自己生命中辉煌的太阳。

我们无法改变自己的身材和相貌，也很难改变我们所处的环境，但我们完全可以不断强大自己的内心。

08　做一个内心强大的人

有人问我："胡老师，你练武术的最大收获是什么？"我脱口而出："我的坚强和自信，都是武术给予我的。是武术让我无所畏惧，成为一个内心强大的人。"

我有位学生，入学时成绩不错，且写得一手好字，各方面能力都还行，却被团支部和学生会拒之门外。据说，他被拒之门外的原因就是个子太矮。当时的学生辅导员甚至在公开场合说，如果把他搞进来，太影响团支部和学生会的形象了。不知怎的，这句话传到了他的耳朵里。他很伤心，开始自暴自弃起来。他整天沉迷于电脑游戏当中，逃课成了家常便饭，就连我的专业课，他也是想来就来，想不来就不来。

一个偶然的机会，我终于从他的同学中了解到他如此自暴自弃的原因，便找他谈心。我告诉他，生气不如争气，要他像身材矮小的拿破仑学习，做一个内心强大的人。我说，拿破仑的伟大，就在于他内心的强大。阿尔卑斯山脉，由很多难以跨越的高山组成，但拿破仑不畏艰险，亲自指挥作战，他站在阿尔卑斯山上，激情澎湃地说："我比阿尔卑斯山还要高!"有一位身材高大的将军，在拿破仑面前有点儿不太听话，拿破仑是这样说的"别以为你身材高大，我随时可以解决我们之间的'差距'!"

这位学生听了我的话，重新振作起来，从虚幻的网络游戏回到现实中。

他决定考研，重新设计和打造自己。经过一年多的努力，奇迹发生了，这位一度自暴自弃的学生，以优异的成绩考上了一所著名的体育学院。

人的一生，身材和相貌都不是我们自己能够决定的，环境也并非可以让我们自由选择，唯一可以自己做主的，就是我们的心灵。我们无法改变自己的身材和相貌，也很难改变我们所处的环境，但我们完全可以不断强大自己的内心。

我非常喜欢读毛泽东诗词，特别欣赏他的一首十六字令："山，快马加鞭未上鞍，惊回首，离天三尺三！"这种奔腾的气势，这种壮怀激烈的气魄，就来自于一颗无比强大的内心啊！

不是每个人都可以成为伟人，但每个人都可以成为内心强大的人。内心的强大，能够稀释一切痛苦和忧愁；内心的强大，能够有效弥补你外在的不足；内心的强大，能够让你无所畏惧地走在大路上，感到自己的思想，高过所有的建筑和山峰！

第四章

放下懒惰——拼搏岁月苦当歌

不要一味地羡慕人家的绝活与绝招，通过恒久的努力，你也完全可以拥有。因为，把一个简单的动作练到出神入化，就是绝招；把一件平凡的小事做到炉火纯青，就是绝活。

记住自己的提醒。上进的你，快乐的你，健康的你，善良的你，一定会有一个灿烂的人生。

01　提醒自己

一位高考落榜的朋友，复读那年，为了激励自己每天早起读书，特意在床边墙上贴了一句用毛笔书写的话："起来吧，伟大的事业在等着你！"每天早晨，睁开眼睛看到这句话，他便会立刻睡意全消，精神振作，一天的学习效果也非常好。这样日复一日地坚持了一年，他终于获得了成功，以优异的成绩考上了南开大学法律系。

他的成功，在很大程度上靠的是提醒自己。

在人生的漫漫旅程中，我也时时提醒自己。当我感到青春易逝、年华虚度时，我用古人的诗句来提醒自己："三更灯火五更鸡，正是男儿读书时。黑发不知勤学早，白首方悔读书迟。"当我遇到挫折、失去坚持的信心时，我用安格尔的名言提醒自己："所有坚韧不拔的努力，迟早会取得报酬的。"当我烦恼忧愁、身心疲惫时，我露出一个微笑，用自创的六字箴来提醒自己：青春！健康！快乐！当我看到生活的残酷和世人的苦难时，我敞开胸怀，用我视为生活准则的人生格言提醒自己："善待自己，关怀他人，用心灵画出生命的美好！"

生活中，我们似乎习惯了别人的提醒。在家里，母亲提醒你多穿衣服，父亲提醒你按时上学或上班；在学校或单位，老师提醒你要争分夺秒，好好学习，领导提醒你要团结协作，忠诚敬业。一路上，别人的提醒紧紧相随。但我想，别人善意的提醒，固然值得铭记在心，我们更应该努力做好的是，每天提醒自己。

提醒自己，你就可以战胜懒惰，刻苦勤奋。

提醒自己，你就可以坚持不懈，赢得信心。

提醒自己，你就可以驱散愁云，天天快乐。

提醒自己，你就可以升华灵魂，画出美丽。

记住自己的提醒。上进的你，快乐的你，健康的你，善良的你，一定会有一个灿烂的人生。

当失败者还在喋喋不休地抱怨冬日的严寒的时候，成功者已经抖擞精神上路了！

02 努力要趁早

那天，与谭五昌博士一起从老家新化坐车返回长沙。

谭博士此次来湘讲学，时间安排得很紧，一路上都是急匆匆的。偏偏班车晚点出发，路上又时不时违规载客，把谭博士急得直跟乘务员和司机理论，可是“秀才遇上兵，有理说不清”，他们还是按自己的那一套，照行不误。

我是习武之人，动则可如脱兔，静则可若处子，加上多年来的世事历练，早已修成一颗处乱不惊、处急不烦之心，因此我将所有的牢骚统统忘之脑后，手捧一本新出版的《诗刊》，沉浸在一种宁静的诗意的阅读之中。书看累了，继而闭目养神，闭目养神完毕，再透过冷雾迷蒙的玻璃窗，看看路边的风景。

时令正值旧历年底，寒冬已深，暖春尚远。在我的印象中，所有的深冬都是一片荒芜、一片寂寥的。然而今天，我的眼睛却一不小心捕获到了一个深冬的秘密。

窗外是早已收割的田野，早已枯萎的群山，乍一看，除了空荡还是空荡，而就在目光停留的某一瞬间，田野的草，还有一些其他的绿色植物，已经在努力地绿起来，给荒芜的大地铺上了一条薄薄的绿色的毯子。

原以为，大地是在春天到来之后才苏醒的，植物们也是在春风春雨的滋润下才泛绿的。却不料，它们在严寒的深冬就已做好了准备活动，甚至已经站到了春天的起跑线上，只等春雷打响发令的枪声，就箭一般地冲出去。我们往往忽略了小草和其他植物们在冬天里的默默努力，看到的只是它们在春天的阳光下迅速奔跑的身影。

我忽然明白了，许多成功者之所以在机遇来临的时候，能够及时抓住机遇，迅速成功，是他们真正懂得了“努力要趁早”的道理。当失败者还在喋喋不休地抱怨冬日的严寒的时候，成功者已经抖擞精神上路了！

人生没有回头路，进退并不由你，是成，是败，关键看你能否顺利地走过坎坷。

03 走过坎坷

少不更事的时候，人生之路对于我们来说，无疑是平坦而宽阔的。渐渐长大后，开始脱离父母的保护伞，独自上路，直面人生，才蓦然惊觉，脚下的路，是如此曲折坎坷。

面对坎坷，既无法后退也不能绕道而行的时候，别无选择的你，唯有奋力向前。

我有一位朋友，两次参加高考都落榜了。按理说，这打击已经够大了。但他没有一蹶不振，甚至就此沉沦。他酷爱文学，回家后在从事繁重的农事之余，刻苦读书，学习文学创作，两年之后，他又为了“逃婚”南下打工。在打工的日子里，什么活儿都干过，什么苦都受过，他都咬着牙扛过来了。一天，他在《广州日报》上得知某报招聘编辑，便斗胆去应聘，带着中学时代和毕业后发表的大大小小的“作品”。八十多个应聘者，经过笔试与面试，最后录用了三个，他是其中之一。另外两个，都是名牌大学毕业生。他在那家报社干了一年多，又由北京一著名老作家引荐，转到广东一家优秀的少儿期刊社工作，期间得过不少编辑奖，也发表了许多有一定影响力的儿童文学作品。

成为编辑后，他的生存状况较先前挑土方、泥沙，做建筑小工有了很大改观，但“风光”的表象后面，仍有许多不为外人所知的苦楚。在杂志

社，他没有正式编制，也就没有相应的福利待遇。工资不高，租不起房，他只能偷偷地睡办公室。他备有一张活动床。为了不让老总发现，他把它搁在办公楼的楼顶上。每天，同事们下班，他也下班走人，在外面溜一圈后再返回，将床支起；第二天清早起来，把床“藏”好，上街吃早点，然后再跟同事们一起来上班。那年夏天，我去广东花城出版社联系出版我的一本书，“有幸”跟他一起挤过那张窄窄的折叠床。他的办公室极热，蚊子出奇的多，我通宵都没有睡好，而他却睡得很安稳。我想，他大概是习惯了受蚊子的虐待吧。由于长期在外奔波，加上条件所限，不能很好地照料自己，他患上了严重的结肠炎。他没有被生活打倒，一边服用从老家托人带来的中药，一边继续努力地工作。如同一棵流浪的树，硬是在广东那块异乡的土地上扎下根来，伸展出一片属于自己的天空。

去年，我所在的单位承办了一次规格较高的全国高校学术期刊研讨会。他的出现又带给了我一份惊喜。原来，他早已离开先前的那家少儿期刊社。为了趁着年轻多学点知识，他自费在武汉大学进修了一年，学成后又进了广东的一家学术期刊社。因为工作努力，勤于钻研，目前他已成为那家期刊的骨干编辑。而且，他撰写的学术论文还经常获奖。从一个高考落榜者，到少儿期刊的优秀编辑；从一个普通的编辑，到大型学术期刊的骨干编辑；从一般的文学创作，到高水准的学术研究，他走过了多少水洼泥泞，穿越了多少艰难坎坷，付出了多少血泪辛酸，只有他自己的心最清楚。

朋友的事迹雄辩地证明，再坎坷的路，只要咬着牙去走，还是能够走通的。坎坷并不可怕，可怕的是在面对坎坷时没有足够的勇气去战胜它。

山涧中的溪水，在绕过千丘万壑之后，迎接它的是大河的跳跃奔腾，是大海的壮阔美丽。人生也一样，坎坷的后面，往往就是迷人的胜境。人生没有回头路，进退并不由你，是成，是败，关键看你能否顺利地走过坎坷。

把一个简单的动作练到出神入化，就是绝招；把一件平凡的小事做到炉火纯青，就是绝活。

04 绝招与绝活

在武术上有一定造诣的人，一般都有绝招。

不过，说到绝招，大家首先想到的是“降龙十八掌”“佛山无影脚”等经过艺术加工的奇招怪招。而实际上，武术中的绝招并没有那么神乎其神，甚至就是一个很普通的招式，一个简单得不能再简单的动作。

前两年看中国武术散打王争霸赛，很多优秀的运动员都有自己的招牌动作，如柳海龙的“柳腿劈挂”、苑玉宝的“苑边腿”，以及郑玉蒿的“转身后摆腿”，在我看来，这就是他们各自的绝招，总能在关键时刻帮助他们克敌制胜。而这些动作，都很简单，一般的运动员都能做。为什么这些别的运动员都能做的简单动作，在他们那里就成了绝招呢？就因为他们把那个简单的动作练“绝”了！

与绝招一样，世上许多赖以谋生的绝活，看似神奇，实则简单。捏泥人，我们小时候都玩过，而冯骥才笔下的“泥人张”，却把泥人捏得惟妙惟肖、栩栩如生，于是，捏泥人就成了他的一个绝活。做剪刀的手艺人很多，有一个叫张小泉的人，精益求精，做的剪刀经久耐用，“张小泉”牌的剪刀便行销天下，于是，做剪刀这套原本并不复杂的工艺，就成了张小泉足以受用一生的绝活。从这些事例可以得出一个结论，绝活原本不绝，精益求精便成了绝活。

人的一生，要想出类拔萃，就必须有绝招，有绝活。但千万不要好高骛远，不要想入非非。“降龙十八掌”“佛山无影脚”是没有的。我很欣赏海尔集团总裁张瑞敏的一句名言:“把每一件简单的事做好就是不简单，把每一件平凡的事做好就是不平凡。”

不要一味地羡慕人家的绝活与绝招，通过恒久的努力，你也完全可以拥有。因为，把一个简单的动作练到出神入化，就是绝招；把一件平凡的小事做到炉火纯青，就是绝活。

奔跑，不单是一种简单的行走方式，更是一种势不可挡的生命状态。

05 奔跑人生

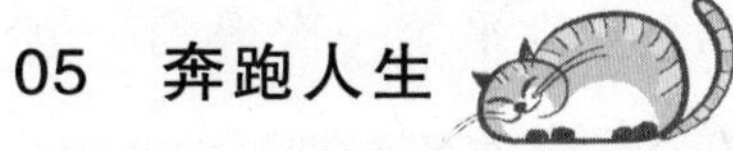

我是一个奔跑者，我喜欢奔跑。

在乡下长大的我，很小的时候，就赤脚在山坡上奔跑，在田野里奔跑，在小河边奔跑，在风中奔跑，在雨中奔跑，在太阳下奔跑，在月光下奔跑。不只是我，几乎所有的乡下孩子，从小就养成了奔跑的习惯。我们缺吃少穿，但我们有的是力气，不管什么时候，很少有人慢悠悠地在路上走。即使放学了，我们也要奔跑着赶回家，放牛、拔草、煮饭，家里总有一份活儿在等着我们。

记得读初中的时候，我住校了，但我还常常跑回家吃午饭。从学校到我家，只隔着一条河和数十亩水田，直线距离最多两里路，但真走起来就远了，因为中间没有一条笔直的路，来来回回，需要左穿右插，上蹿下跳。河上没有桥，必须跳坝，或者渡水。午饭时间一般是 30 分钟。我速度很快，且每次都用电子手表计算时间。回去 10 分钟，在家吃饭 10 分钟，返回 10 分钟，从来都没有迟到过。有时候在家里住一夜，第二天清早必须赶回学校做早操，上早自习，田垄间黑黑的湿湿的不好走，我就绕一个弯儿跑大马路。马路上很早就有汽车跑，要是来了跟我同向而行的汽车，我就会加大“油门”，使劲地追。碰到下雨天，就会追得浑身是泥，但我才不会在乎呢，心里只有奔跑的快乐。

初二那年，区里举行中学生田径运动会，从没参加过任何正规训练的我，被选去代表我所在的鹅塘中学参赛，结果一鸣惊人，夺得 200 米跑第一名，三级跳远第二名，100 米跑第四名，生平第一次得到一笔“巨额”奖金——11 元钱。这相当于我们当时一个学期的学费。那时候，区里还没有一所学校修了正规的田径场，因此，200 米跑是在孟公镇到傅

家村的那一段较平整的公路上跑的。没有任何比赛经验的我，居然一路遥遥领先，第一个抵达终点。

上高中后，酷爱体育的我，正式参加了学校的体育训练队，成了一个名副其实的“体专生”。由于身体素质好，经过正规训练后，奔跑能力得到迅速增强。校运会上经常参加 100 米、200 米、400 米短跑的我，总是因为独揽多项第一而风光无限。那时候，在县里和地区，我也是小有名气的短跑健将。只要一上跑道，我就会感到一种莫名的振奋，脚踏在跑道上，就像踏在弹簧上一样，只需一口气，“突突突突”就跑完了全程。带我们训练的张志荣老师说，你的频率很快，起跑后站在你身后看，根本看不清你的脚步，只能看到煤渣跑道上你一路扬起的灰尘，看你跑步是一种享受。

考上大学后，我虽然主攻武术，但田径成绩也并不差，短跑能力仍然突出。即使现在，匆匆而逝的岁月并没有阻挡住我奔跑的脚步。上班下班的路上，有一道长长的斜坡。我常常忍不住一路小跑，甚至边跑边旋转，或者突然加速。我住在六楼，但即使是天气炎热的夏天，我也不会让自己慢悠悠地像蜗牛一样地爬上去。我乐于享受那种“噔噔噔噔”旋风般卷上楼去的快感。所以，跑得大汗淋漓是常有的事。不过没关系，到家了，自己的天地，把衣服一股脑儿扒光，凉风一吹，体内的酷热便悉数散尽，只有畅快。为了尽情体验奔跑的感觉，在大家都买了摩托车的时候，我依然坐我的“11 号车”上班下班，并乐在其中。

我总认为，奔跑，不单是一种简单的行走方式，更是一种势不可挡的生命状态。为什么有那么多人欣赏刘易斯，欣赏刘翔？因为他们用一团奔跑的火焰，点燃了人们内心奋力向前的欲望和热情。

我喜欢奔跑。若干年后，我老了，我的双腿变得无力，那么，我将用心奔跑。最后，我的心也将老去，与躯体一起腐烂在坟墓里面，但我还会用灵魂奔跑，永不疲倦，永不止息！

只有挑战极限，才能让不可能成为可能啊！

06 挑战极限

2005 年 5 月的一个雨天，我和我所带的 2002 级武术专选班学生做出了一个令人吃惊的决定：从吉首跑步去凤凰。对这次活动，我比较低调，没有大范围宣传，但还是有外班和外系的几位学生自愿来参加。令我感动的是，居然有六位女生。

出发前我们在校门口集合，我发表了简短的讲话。我说，我组织这次活动的目的，就是培养大家的冒险精神、坚持精神和团队精神。这是一个成功者必须具备的素质。因为路途太远，我并没有要求每个人都必须跑完全程，实在跑不动了的，可以在中途坐车。但我告诉他们，我是一定要跑完的，跑不完就走完，走不完，爬也要爬完。我的这番充满诗人激情的话，使学生深受感染。他们报之以热烈的掌声。

我这个人，最大的优点就是有激情，有毅力。中学时我就创造过下雪天独自穿越 30 公里从学校跑到县城的英雄记录。饿了抓雪吃，冷了，在路边小店里打几两白酒灌下去。回忆起来，仍然为自己当初的壮举感动。

从吉首到凤凰的一百一十里山路，差不多是当年所跑路程的两倍。加上之前带了一天的武术训练，本来就特别累了，坚持跑完全程当然是一件很不容易的事。开始二三十里路跑得很轻松，后来，情绪上来了，跟跑在前面的几位学生冲了一道坡，出乎意料的情况出现了，我的腿突然抽筋了。怎么办？只有跑一段按摩一次，按摩好了又跑一段。先是自己按摩，后来请文明华帮我按摩。最后按摩也不行了，就在路边的药店里买了一些伤湿止痛膏，把大腿小腿都贴满了。效果果然不错，后面三十多里路，只坐下来按摩了一次。下午 7 点整，当我和文明华肩并肩跑到凤凰的南华门时，南华门上的灯刹地亮了，整个凤凰城的灯全都亮了。我坚信，这些灯全都是为我们而亮的。它昭示着，穿越极限之后，必然是人生的辉煌境界。

途中还有这么一个细节。我跟文同学边跑边看路边的路程碑。每跑 100 米，就有一个路程碑。每超越一个路程碑，我们就有一种成就感，一种征服的快感。就这样一个路程碑一个路程碑地跑过去，无形之中降低了挑战的难度，增添了挑战的乐趣。这其实也是一种人生的智慧。奔跑在生命的长途中，既要朝向远处的目标，也要时时看看脚下的路程碑。把一个路程碑抛在了身后，说明你离最终的目标又近了一步。这样体会到的，更多的是挑战的刺激和征服的快乐。

进了南华门，即将要去外面挑战新的生活的我，给我全国各地的朋友们发了一条短信："今日湘西细雨霏霏，我和我的学生，从吉首跑到凤凰，全程一百一十华里。这是我的最后一课。下周我就要离开吉首去另一个地方，为我喝彩吧，我会成为你们心中的骄傲。"

在凤凰，我们吃了一顿热腾腾的火锅。吃完火锅逛凤凰古城。我去了沈从文故居。在沈老故居的门前默立片刻，又默默离开。夜色细雨中，我仿佛清晰地看见沈从文年少时踏着石板路渐行渐远的背影。在虹桥下的一个小店，我买了一把宝剑，一个沈从文小时候玩过的弹弓。挟剑走江湖，勇者何惧？弹弓在手，必能射中心中的目标！

尽管在外面打拼了半年后，我还是选择了回来，因为我发现自己并不属于外面那个浮躁喧嚣的世界，但这次挑战自己的经历，与跑向凤凰的壮举一起，无疑会成为我年轻时代永不磨灭的记忆。记得我曾在那里求学的北京新东方学校的校训是："追求卓越，挑战极限，从绝望中寻找希望，人生终将辉煌！"我想，不管生活如何改变，永不改变的，将是我"挑战极限"的人生信念。

只有挑战极限，才能让不可能成为可能啊！

让过程精彩，不管结果如何，你都可以骄傲地说一声："我努力了，我超越了自己，我赢了！"

07　让过程精彩

某晚，超级女声长沙赛区决出前三甲。我并不是音乐爱好者，也不是任何一位超女的粉丝，但我一直守候在电脑前，几乎一眼不眨地看完了决赛。

前五强，第一个被 PK 下去的是实力还算不错的胡灵，唱功稍逊一筹的张美娜反倒继续留在台上。很多网友觉得不解。我告诉他们，这就是超级女声，看超级女声你不能太在乎结果，因为它并不是严肃意义上的歌唱比赛，大家开心就好。聊天区有人立刻接茬儿说，剑客说得对，不能太在乎结果，去年李宇春的唱功不也是一般般吗，可她拿了总决赛的冠军。

张美娜两次站到 PK 台上，两次都面带微笑。我知道她心里也许并不轻松，但她的微笑给我留下了深刻的印象。最后，她只夺得了长沙赛区的第四名，依然面带微笑，并说了许多感谢的话，把所有与超级女声有关的人都感谢到了。还有她的母亲，也上台说了一连串的感谢。"美娜在长沙上大学，这四年，女儿在各方面都进步不小，感谢长沙人民对我女儿的培养和教育"，这句话让我感受到了一个平凡母亲的胸怀。无论在什么情况下，都要面带微笑；无论取得了多大的成绩，都要学会感谢。

微笑着走向生活并常怀一颗感恩之心的人，一定是了不起的。张美娜在唱歌方面也许还有很多欠缺，但我敢肯定，在今后的人生道路上，她一定会走得很好。

前三甲出来后，在最后的名次尚未排定前，直播现场安排了一个非常出彩的环节，每位选手都邀请一位神秘人物上台为自己拉票。厉娜和张亚飞邀请的是她们的母亲，个子小小的许飞，邀请的则是自己的启蒙老师。在我看来，这个环节很感人。这些孩子的母亲和老师，为了帮助孩子实现她们舞台上的梦想，为孩子拉票，与孩子一同演唱，让人感受到的是人间最美最真挚的情感。厉娜的母亲，和孩子手拉手唱《女人花》，歌唱得并不好，可正因为唱不好才尤其令人感动。她们的爱，她们通过歌声对女人命运共同的咏叹，震撼心灵的效果，远远超越了演唱本身。

长沙决赛最后的结果，厉娜夺冠，张亚飞第二，许飞第三。很多人表示不解，包括我的朋友。他说厉娜麻烦最多反而得了冠军，言外之意再明白不过。我知道他所说的麻烦是指网上曝出的所谓“撒谎事件”和“粗口事件”。我有过在媒体工作的经历，对这些所谓的事件历来是冷眼相看的，因为很多事件都是媒体为了引起观众的注意而制造出来的。试想，没有这些事件，厉娜会有这么高的关注度吗？为什么她去年海选都没过，今年居然拿了长沙赛区的冠军？对这些问题，大家想明白之后，就更不要在乎比赛的结果了，一笑而过吧，开心就好。这才叫做“愚”乐嘛！

写到这里，我最想念的还是提前出局的胡灵——提醒各位注意，并

不因为她是我家门，我也不是什么“狐狸精”。她给我留下好印象，一是她的坎坷身世和在苦难命运面前所表现出来的责任感（为了减轻爷爷奶奶的负担，主动弃学而选择去唱歌），二是她在离开舞台之际说出的那番话：“我的音乐只有起点，永远都没有终点”；“我已经超越了我自己，我已经赢了”。说得多么好啊，人生不也就是这样的吗？让过程精彩，不管结果如何，你都可以骄傲地说一声：“我努力了，我超越了自己，我赢了！”

愚蠢的人，马马虎虎，把人生写成一堆无用的废纸；聪明的人，精益求精，把人生写成一本永恒的经典。

08　人生是一本书

人生是一本书。

不论你是男人，还是女人，不论你现在和将来从事何种职业，都在读这本书。

这本书常常以两种面孔出现，一种是精装的，一种是平装的，但不管是精装还是平装，虽然装帧不同，用纸不同，但它们的内容是一样的，朴素而简单，厚重而深远。

认真地去读人生这本书吧。德国哲人尚·保罗说：“人生犹如一本书，愚蠢者草草翻过，聪明人细细阅读。为什么如此？因为他们只能读它一次。”

人生是一本书。

不论你是男人，还是女人，不论你现在和将来从事何种职业，都在写这本书。

你可以把人生这本书，写成一本诗集，也可以写成一本散文集，还可以写成一本戏剧或小说，因为人生本来就是丰富多彩的。不管你把人生写成什么样的文体，你构思时一定要谨慎小心，落笔时一定要虔诚郑重。

认真地去写人生这本书吧。愚蠢的人，马马虎虎，把人生写成一堆无用的废纸；聪明的人，精益求精，把人生写成一本永恒的经典。

叹息和悲伤，只会使你永远倒下，而坚忍的奋斗，迟早会为你点燃成功的希望。

09　拼搏岁月苦当歌

我上中学的时候，曾经是个很不用功的学生。我把我所有的白天和黑夜，都献给了我酷爱的文学和武术。于是，在享受着陆续发表文学作品的喜悦的同时，我也深深地为自己的未来前途而担忧着。到后来，我数理化几乎放弃不学，连拿一纸高中毕业文凭都十分困难了。为此，我的心绪一落千丈，异常低落。也就是这段时期，我生出了生平第一根白发。少年多虑，华发早生，足见内心的无奈、凄苦和悲凉。

好不容易拿到了毕业证，紧接着又是高考落榜的打击。尽管对于当时的我来说，落榜早在预料之中，而一旦真正面对现实的时候，我还是无法洒脱起来，有一种欲哭无泪的感觉。

我不愿放弃。在家人的理解和支持下，我走进了补习班的教室。在当年留下的文字中，有过对当时心境的真实记录："我想再敲一次，即使门不开。不是别无选择，我只是想，走过那道门，找到一片更适于自己生长的土壤。"

这一次，我没有再报文科，而是选择了文化成绩相对要求较低的体育专业。在所有的体育考生中，我的专业，尤其是武术专项，无疑是第一流的，但不幸的是，体育专业属理工类，数理化三门功课，一门都不能少，而我仅能以语文和英语两门功课来勉强支撑。经过一番苦苦的挣扎，我最终又一次败下阵来。高考成绩公布那天，从县教委看完分数出来，我只觉天旋地转，浑身无力，生怕一不小心便会瘫软下去。大街上人流如梭，怀着各自的欢喜和忧虑，他们与我擦肩而过，没有人回过头来送出一缕抚慰的目光。正在我茫然无助的时候，我遇到了初中时的一位姓杨的女同学。她已经上班好几年了，几年间难得一见，而以前我们曾是很要好的朋友。她身着一身笔挺的工作制服，正朝我迎面走来。她轻轻地喊了我一声，带着微笑。在老同学的微笑里，我抬起头来，总算找到了一点回到人间的感觉。我们简短地聊了几句。第二天我们又在她参加培训的住处见了一面，她鼓励我继续考，不要灰心。我的精神状态得到了一定的恢复。

回到家，我仍在人生的十字路口苦闷徘徊，不知归处。父亲见我这样，没有责备半句，只是一个劲儿地抽烟和叹气，而且比以往更沉默了。母亲则更加关心我，以一个慈母特有的目光，观察着我的每一点细微的心理变化，轻言细语，百般安慰，万般开导。在这个人生的“非常”时刻，是我那没有读过书甚至连自己的名字都不认识的农民母亲，以她宽广的气度和胸怀，以她对儿子的深深的慈爱，以她那朴素动人的“远见”，充当了我的最称职的人生导师。是母亲，陪我走过了那段最难熬的日子，至今想起，仍然眼眶湿润，情难自抑！

暑假过后，不甘心就那样失败的我，又背起行囊，走向学校。与我一起坚持的，还有一位患难兄弟。他比我家境更差，但能吃苦，有一股不相信命运、誓不向厄运低头的倔强之气。我俩时常吃在一起，睡在一起，互相鼓励，互相支撑，与野马一般难以驯服的命运作着顽强的抗争。我们先后在县一中和上梅中学补习过，度过了一段虽然艰苦却永远难忘的拼搏岁月。

“年年放榜题名日，多少容颜被泪污”，这是我的老师罗国芳先生《高考咏叹调》里的一句诗。最后一次高考，我不幸中之万幸，“容颜”不再“被泪污”，在姐姐、姐夫、哥哥、嫂子的倾囊相助及在县城和省城工作的表姑、姑父和表叔的鼎力帮忙下，我龙门一跃，走进了坐落在岳麓山下湘水之滨的湖南师范大学。那是 1994 年 9 月，一个必将在我的生命中永远辉煌的黄金季节。

考上大学后，家里的负担更重了。在我读初三时，母亲患过一次重症肺炎，只差一点就被死神掳去，体质仍然虚弱，小病不断；渐渐年迈

的父亲身体也欠佳，只能靠一点微薄的退休工资（他原来在县木材公司下属的坪口木材站供职）和做田做土、打点零工勉强维持生计。所以，我在被世人羡慕地称为“神圣殿堂”的大学校园里过得并不轻松。每次收到家里寄来的尽管很少却饱含着父母艰辛和血汗的生活费时，我的心里，总有一种说不出的疼痛。

那一次，我在早已囊中羞涩后收到家中寄来的一张 80 元的汇款单，汇款单的附言栏内，有邮电所工作人员代为书写的几行字，大意是先寄 80 元钱，待有钱后再寄，并叮嘱我好好照顾自己，落款为——母言。收到这张汇款单，我的泪忍不住地流了出来。我知道，那可怜的几十元钱，又是母亲每天靠卖几块钱甚至几角钱的小菜积攒起来的。朦胧的泪光中，家乡古老的小街又从数百里之外延伸而来。我那憔悴不堪、头发枯黄的妈妈坐在街旁的一条矮凳上，守着一筛子待卖的萝卜白菜，寒风吹动着她单薄的衣襟，想起她小小的瘦弱的身子，不由打了一个寒战。我擦干泪水，在去邮局取款前，把汇款单复印了一张。那张珍贵的汇款单，至今牢牢地贴在我大学时代的笔记本上。它是一份岁月的见证，更是一份母爱的珍藏！

母亲是伟大的，而在我眼里和心里，我的母亲，乃是伟大当中之最伟大者。母亲从未进过学堂门，目不识丁，却深知读书的重要。我们在读书方面有什么要求，她能满足的，一定会尽力满足，她不能满足的，也会想方设法倾力而为。在初学写作的日子里，我很想买一本《现代汉语词典》。当时家境困顿不堪，负债累累。送我上学已经极其艰难，哪有钱去买那么“昂贵”（当时定价 14.70 元）的词典呢？但舍不得吃，舍不得穿，病了也舍不得打针吃药的含辛茹苦的母亲，却毫不迟疑地设法满足了我的愿望。

大学四年，除了父母不顾年老体衰，累死累活地供养我之外，我的二姐和哥哥，也为我无私地付出了很多。尤其是二姐，肩挑着巨大的心理和生活压力，却从不忘关怀、接济和扶持她远在异乡求学的弟弟。只是作为弟弟的我，至今无以回报，深怀愧疚，唯愿她早日摆脱内心的不幸，轻松愉快地迎接未来的幸福人生！

为了减轻家里的负担，我很少出去，凡是那些要花钱的活动，我都尽量不去参加。体育系的课业相对轻松。上课和训练之外的大部分时间，我都把自己关在寝室里读书写作，出门也只到校园附近的书店里去逛逛。当有钱的同学们争相穿着“名牌”展示自己的潇洒青春时，我却穿着几块钱、十几块钱一双的运动鞋，踏着自己朴实人生的节奏，在文学的世界里悠悠漫步，独自陶醉。一有机会我便拼命地写稿，挣稿费，随着文章的陆续发表，几乎每星期都会收到一两张数目虽小却足以使我舒心一笑的汇款单。

我勤工俭学的另一条途径，便是利用寒暑假开办武术培训班。我身在体育王国，长得却跟体育一点儿也不沾边。个子不是很高，原本就很清秀的脸上再架一副斯斯文文的眼镜，看上去像一个谁都敢来欺负两下子的瘦书生。常听长辈们说，教武术是一碗不容易吃的“沙子饭”。在武术历来十分普及的湖南，当然更是难上加难。而我这么一个戴眼镜的书生，要吃武术这碗“沙子饭”，当然是需要一定的勇气和胆识的。好在我拥有几手过硬的招数，空翻、地躺，套路、实战都能来两下子。每次武术班开班时，为了让学生及家长们相信我的实力，我都要适当地表演一

些高难动作。我的表演，也总能赢得大家的好感和信赖。

1997年暑假，我同时在新化县体委武术馆和离县城不是很远的洋溪镇办了两个武术班。上午六点至八点在体委带班，上午十点至十二点和下午在洋溪上课。县城和洋溪镇中间相距三十里路，这样每天来回两趟，实在太累了，就在车上打会儿盹。其实累一点还不要紧，要是有社会上的烂仔来捣乱，那就更麻烦了。好汉难斗地头蛇，毕竟我是出门在外啊！

有一天，一个洋溪的小弟子告诉我，洋溪镇上另一个教武术的师傅要跟我较量较量。我在心里想，担心的事情果然来了。说实话，凭我的技术和体能，那些没经过正规训练的民间武师是很难赢我的，怕就怕他们下毒手或一拥而上。我显得十分镇静地说，叫他来吧，我随时奉陪。第二天，真的就有一帮年轻汉子过来了。于是，我在学生休息时故意给学生表演了几招，那些人看完后佩服不已，悄悄地走了。据说，他们就是那位师傅的徒弟。我在洋溪镇教了一个多月，一直安然无恙，还在当地留下了一个武艺高强的好名声，有些没跟我学的人，居然捎信邀我有时间再去教几届呢！然而，那个暑假，我付出了整整十斤肉的代价（瘦了十斤）!

在洋溪教武期间，有一件事情令我难以忘记。那天上完课后，回新化晚了点，没有赶上洋溪到新化的最后一班车。因为第二天清早必须到体委去上课，不赶回去绝对不行，而要回新化，办法只有两个，要么租车，要么走路。为了省钱，也为了磨炼自己的意志，我选择了坐“11”号车——走路。三十多里黑灯瞎火的陌生的路，硬是被我用两只脚丈量完了。当我热汗涔涔地赶到新化时，已将近凌晨了。其实在高中时，我也有过一次类似的壮举，一个大雪封门的星期六，从新化二中跑到县城去买刊登有我的作品的杂志。新化二中距县城足足有六十里路，我穿着胶鞋上路，饿了抓把雪吃，没能量了，在路旁小店打二两白酒。尽管跑得腹部和腿肚子抽筋，好几次难受得蹲下去，但我还是咬牙坚持了下来。华灯初上时，我终于跑到了在县城湘林汽修厂上班的哥哥家。

这些略带传奇色彩的真实故事，都是我引以为豪的深深烙印在我生命中的历史。我还在师大南院组织成立了后来影响不小的湘魂文学社，创办了一份四开四版、套红胶印的《校园作家》文学报，并请著名作家谭谈为该报题写了报名，也算是对十年前的一份偶像情结的回应吧！此外，另一个人生的重要收获是，我结识了德高望重的著名作家刘定中先生，结识了台湾著名女诗人、《秋水》诗刊主编涂静怡大姐，他们给了我太多太多的教诲和关爱，作为为人为文的典范，他们矗立在我心中，永远是两座巍峨的高峰。

1998 年 6 月，我的大学生活终于在一路摸爬滚打中结束了。为了纪念自己的奋斗青春，我出版了诗集《寻梦的季节》。告别古城长沙后，我在沈从文故乡湘西的一所大学任教。后来，我又如愿以偿地来到向往已久的北京继续求学，上下求索。自己的文学创作，也迎来了又一个金灿灿的丰收季节。《人民文学》《北方文学》《飞天》等多家大型文学刊物上都留下了我追寻的足迹。2003 年 8 月，我以“校园诗星奖”获奖者的身份，应邀参加了中国诗歌学会与散文诗杂志社联合主办的全国第三届散文诗笔会。同年 11 月，拙作《内心的冬天》在《诗潮》杂志社主办的全国首届“巨龙杯”新诗大赛荣获校园组一等奖，在未名湖畔的北大礼堂

举行的颁奖大会上，北京大学朗诵艺术协会的演员将我那美丽中透着苍凉的诗韵，饱含激情地放飞在神圣燕园的上空。

此时此刻，回首淹没在苍茫岁月中的弯弯青春路，我不禁感慨良多。真的，不知有多少次，疲惫不堪、伤痕累累的我，实在不想再往前走了，而我又总是在短暂的沉默之后，积蓄起一股势不可挡的力量。终于，我就这样咬紧牙关一步一步走过来了。我从自己的经历中得到启示——人的一生，其实就是与命运不断抗争的过程。谁都会遭遇逆境，遭遇世事沧桑，在最艰难的日子里，一定要默默坚忍，不叹息也不悲伤。叹息和悲伤，只会使你永远倒下，而坚忍的奋斗，迟早会为你点燃成功的希望。

第五章

放下消极——绝望向左，希望向右

如果你想成为一个成功的人，那么，请为“最好的自己”加油吧，让积极打败消极，让高尚打败鄙陋，让真诚打败虚伪，让宽容打败褊狭，让快乐打败忧郁，让勤奋打败懒惰，让坚强打败脆弱，让伟大打败猥琐……只要你愿意，你完全可以一辈子都做最好的自己。

没有谁能够左右胜负，除了你。自己的战争，你就是运筹帷幄的将军！

不是所有的梦想都能成为美好的现实，但美丽的梦想同样可以装点出生活的美丽。

01　乘着梦想去飞翔

我相信，很多人都是做过飞翔的梦的。

晚上跟我一位朋友聊天，她说：“一直以来就希望能够飞在空中，然后电视看多了，晚上做梦我都像电视里那样飞起来了。”

“在学校，早上升旗的时候人太多，我们的教室又在高楼上，所以我就经常想如果我可以像电视里演的那样，袖子里有一条很长的白布，一下挂在走廊柱子上，我一拉，就可以飞回到教室去了。”

小时候，我也常常做飞起来的梦。有时候在河堤上飞，有时候在田野上飞。飞翔的姿势跟游泳差不多，手划着空气，就像划水一样，划着划着，身子就轻飘飘地飞了起来，前行，上升，下降，倒飞，滚翻，让我明白了什么叫做真正的“自由飞翔”。有时候我信以为真，以为自己真的能够飞起来，于是白天里就真的展开双臂去试飞，结果当然是从来也没有飞起来过。

尽管如此，我仍然十分怀念我青春年少时的飞翔的梦，让我体验了那么多美好的感觉，让我的夜晚并不孤独寂寞，让我孩提的天真真的插上了美丽的翅膀。而且现在，我还在做着各种各样的飞翔的梦，与现实有关或无关，也不仅仅是在那寂静的月照风眠的夜里。

不是所有的梦想都能成为美好的现实，但美丽的梦想同样可以装点出生活的美丽。我们做着飞翔的梦，是因为我们拥有一颗想飞的心啊！

超级冷静的头脑、永不言弃的精神加上灵机应变的智慧，会使什么样的奇迹都有可能在结束之前发生！

02　不要轻言放弃 

NBA 总决赛，交战的双方是小牛队和热队。

这是本赛季总决赛的第五场比赛，前四场比赛双方战成 2：2 平。本场比赛从一开始就进入白热化状态，比分呈拉锯式交替上升，最终战成平局，不得不打加时赛决出胜负。在 5 分钟的加时赛中，双方比分都咬得非常紧。多次打平之后，小牛队完成了一次出色的进攻，把比分变成 100：99。这时，留给热队的时间仅剩 9.1 秒。一般的篮球比赛，落后的一方在这时候都会变得回天无力。可是这是在 NBA 赛场上，NBA 赛场是什么奇迹都有可能发生的。那一年，飞人乔丹不就是在最后几秒创造了 NBA 赛场上的经典神话吗？果然，暂停之后，奇迹出现了，热队以凶猛的进攻引起对手犯规获得罚球机会。两罚两中！热队以 101：100 赢得了本场比赛！

这场比赛给了我这样的启示：在比赛没有结束之前，领先的一方万

不可沾沾自喜，掉以轻心，失败的一方更不要灰心失望，自暴自弃，最后的结果才能证明一切！在人生的竞技场上，我们也不能轻易说放弃啊。最后 9.1 秒，NBA 总决赛的赛场上可以发生大逆转的奇迹，人生的竞技场上为什么不可以？只要生命还在，就请把悲观和绝望从你的字典里删去吧，因为，超级冷静的头脑、永不言弃的精神加上灵机应变的智慧，会使什么样的奇迹都有可能在结束之前发生！

当你与命运中的苦厄互相对峙的时候，请千万记住：进攻是最好的防守。

03　进攻是最好的防守

在所有对抗性运动项目中，进攻和防守是一对形影不离的孪生姐妹。有进攻，必有防守，否则，其对抗性就不复存在。篮球、足球、散打、拳击比赛中，你看到过只有进攻的一方，而没有防守的一方吗？

我从小喜欢武术，更酷爱散打。散打是一个对抗性非常强的运动项目。在我学习散打的防守动作和防守技术的时候，我的老师说过一句非常经典的话："进攻是最好的防守，若要对方打不到你，你就要积极主动地进攻。"我开始不是很理解，后来经过数次实战，终于悟出了这句话的真谛。因为在散打实战时，你积极主动地进攻，不停地出招，必然会降低对方的进攻频率，迫使对方保持防守或撤退的态势，你受对方进攻的威胁的可能性就会降至最低。

人生奋斗，与散打实战同理。有奋斗，必然会遇到重重困厄，人与困厄互为对手，互为攻守。当你与命运中的苦厄互相对峙的时候，请千万记住：进攻是最好的防守。

绝望向左，希望向右，痛苦在中间，聪明的你，一定知道该如何选择了。

04　绝望向左，希望向右

十多年前，我的一位正处于青春花季的女同学，因为学业和情感双重受挫，而冲动地选择了自杀，那是我平生第一次强烈地感受到生命的脆弱，我开始拷问心灵，思索人生。当时，久久不能平静的我，写过一首诗来悼念她，其中有这么几句：

从生走向死，只有一步
从痛苦走向幸福，只有一步
你有勇气从生走向死
为什么，没有勇气从痛苦走向幸福？

从旁观者的角度看，我的这位同学和人世间许许多多的轻生者一样，

无疑是做了一件不可饶恕的极端糊涂的事情。因为她只要拿出那份直面死亡的勇气来直面生存，她是完全能够战胜一时的痛苦而争取到人生的幸福和快乐的。大抵多数痛苦至深的人，心灵的眼睛是极容易出现盲点的吧，因而我以为，当我们还没有被那种撕心裂肺的痛苦袭击的时候，当我们还是一个彻彻底底的旁观者的时候，我们就不妨做一做这道人生的选择题：站在痛苦的中心，是消极地选择绝望，还是积极地选择希望。

也许你会问，希望有那么好选择吗？你要选择希望，希望就会乖乖地选择你吗？我可以给你一个完全肯定的答案：是的，希望就有这么听话！

假设你现在所处的位置是痛苦，前前后后也都是痛苦，在你的左右两边，必定各有一条路，左边那条通往绝望，右边那条通往希望。那么，当此之时，你向左转身，跨一步就是绝望；而向右转身，跨一步就是希望。我想，哪怕是再愚蠢的人，在冷静的思索之后也会毫不迟疑地选择“向右转”的。

曾经三次高考落榜，在北大做老师时又因故受到行政处分而再度陷入人生困境的俞敏洪，愤然离开北大后，花费十余载心力，最终成功打造出教育培训航母“新东方教育科技集团”。他所创办的北京新东方学校的著名校训是：“追求卓越，挑战极限，在绝望中寻找希望，人生终将辉煌！”我想，这应该是俞敏洪在走出痛苦甚至绝望的泥沼后，欲与广大青年学子共同分享的最真实的人生感悟。

绝望向左，希望向右，痛苦在中间，聪明的你，一定知道该如何选择了。

通往目标的途程曲折坎坷，你只有借助执着的力量，方可披荆斩棘，征服高山，走过沼泽。

05 选择执着

人生不能没有目标。

认准了一个目标，要想如期抵达，则必须选择执着。

通往目标的途程曲折坎坷，你只有借助执着的力量，方可披荆斩棘，征服高山，走过沼泽。

执着，意味着苦苦地坚持，虔诚地付出。

执着，就是永不失望，永不放弃的代名词。

把心交给了执着，梦中的灯盏，便不会被大风扑熄，被大雨浇灭。即使重重地摔一跤，你也会毫不在乎地爬起来，捂紧血淋淋的伤口，喝一声这点痛算什么；即使伸向远方的道路被浓浓迷雾封锁，你也会清醒地告诉自己，迷雾，挡得住眼睛，挡不住心灵。

把心交给了执着，你的头脑里定会反复出现这句闪光的格言：“开弓没有回头箭”；定会反复出现这句动人的铮铮誓言：“什么也改变不了我的追求，哪怕最终只能啜饮一杯失败的苦酒”。

伟大的科学家巴斯德如是说：“告诉你使我到达目标的秘密吧，我唯一的力量就是我的坚持精神。”法国画家安格尔也说：“所有坚韧不拔的努力迟早会取得报酬的。”两位卓越的成功者，不约而同地道出了执着的真谛。

——选择执着，你将终生无悔！

天无绝人之路，关键是你能否在被无情地挡在某扇门外之际，不悲观，更不绝望，而是平静且认真地寻找那扇上帝为你打开的窗。

06　寻找那扇打开的窗

外甥中专毕业后，一直找不到工作，为此十分苦恼。出于对他的关心，我把他带到身边，以使他从就业无门的苦恼中尽快摆脱出来，并帮助他开辟一条合适的谋生之路。

受我的影响，外甥对文学和武术都有一定的爱好。我想，他只要任意学好一行，就不愁没有出路了。于是我就开始教他练武，教他写作。他毕竟年龄大了，武术基本功差，尽管练得还算卖力，但很多动作他再怎么努力也做不出来了。对于他来说，练武锻炼一下身体或者防身自卫还可以，靠武术谋生看来非常困难。在文学方面，他虽然有一定爱好，看了不少书，也练了不少笔，但经过一段时间的观察，我发现他并没有出众的文学才华。做一般的文学爱好者可以，当专业作家或自由撰稿人，则相当难，甚至完全不可能。命运再一次无情地向他宣告——此路不通。

接下来，我又在学校旁边租了一个小餐馆，让他学着经营。因为我在报纸上看到，餐饮业是未来十年最赚钱的十大行业之一。我希望他先从小餐馆做起，慢慢做大做强。无奈学生的消费水平跟不上，餐馆的利润非常低，加上外甥也到底不是一块做生意的料，几个月下来，一结算，根本没赚到什么钱。

我当时刚参加工作不久，收入并不高，他不好意思总向我伸手要钱，就自己主动出去找活儿干。而且，经过这一连串的折腾，他的就业观念已有很大的改变。由原来的只想找份稳定的工作，到后来的尽力想办法赚钱糊口，他在思想上来了一个一百八十度的大转弯。所以，当有一天他告诉我在红旗门的建筑工地上找了份挑砖、挑泥沙的活儿时，我先是感到十分震惊，继而是发自内心的赞赏。让他懂得什么才是真正的生活，这未尝不是一件好事，虽然他稚嫩的肩膀常常被沉重的担子压得皮开肉绽，他一张书生的脸渐渐被六月的骄阳灼烧成黑红的模样，我在心疼他的同时，也真为他高兴，为他骄傲，因为，他终于可以用自己的劳动和汗水，获取属于自己的一份报酬了！

我不得不佩服上帝考验一个人时的无情，不久，外甥意外地得了一场大病。又因误诊，延误了治疗，差点被死神拖到鬼门关。几经周折，骨瘦如柴的他病愈后想到的仍是找工作。我劝他再休养一段时间，他固执地不肯。其时，我获知沿海城市电脑和英语方面的人才紧缺，于是再次给他参谋，让他去学电脑。我发现他在学电脑方面，既感兴趣，又有较好的天赋。这一步终于走对了，他学成后不久就在深圳找到了与所学专业对口的工作。由于他勤奋好学，刻苦钻研，如今已是电脑设计方面的专门人才，薪水一路飙升。2006 年，南京一家设计公司以年薪 15 万的高价把他挖走，去国外的分公司任职。现在，他已回国，在香港和广东分别成立了自己的公司。

西方有句格言：上帝在关闭一扇门的同时，也打开了一扇窗。是的，

天无绝人之路，关键是你能否在被无情地挡在某扇门外之际，不悲观，更不绝望，而是平静且认真地寻找那扇上帝为你打开的窗。

在默默坚忍中等待春天，在等待春天的过程中养精蓄锐。这就是生命创造奇迹的秘密！

07　在坚忍中等待春天

有一棵树，一年四季，坚韧挺拔，春天爬满了绿意，夏天挂满了鸟鸣，秋天黄叶舞秋风，冬天雪里见精神。可是有一年，它却突然长满了虫子，而且很快就枯萎了。到了冬天，已然看不出一丝活着的迹象。我们都以为它必死无疑。可奇怪的是，冬天一过，春风一吹，这棵树又长出了绿油油的叶子。我在心里想，幸亏没有人把它砍了，否则，真会可惜了一棵好树。

这棵死而复生的树，正好预演了我后来的一段人生经历——

小学和初中，我是一名成绩优秀的学生，初三时还得过全年级第一名。但上高中后，由于各方面的原因，我的厌学情绪与日俱增。高中阶段的头两年，我都是在一种漫无目的、极度颓唐的心境下度过的。学习进不了状态，成绩当然差得可以，数学考试甚至有过打几分的记录。对于当时的我来说，考上大学，无异于痴人说梦。但高三时我突然猛醒，雄心勃勃要考大学了。知道情况的同学都偷偷地笑我癞蛤蟆想吃天鹅肉。有的甚至开玩笑说，只要我这辈子考上了大学，他就屙泡屎做个粑吃了。面对所有的挖苦和冷嘲热讽，我不争也不辩，只是默默地下决心，默默地努力着。第一年，落榜了。第二年，又落榜了。我还是默默地忍耐着，坚持着。后来，省城的师范大学终于为我敞开了它的大门。再后来，我成了一名年轻的大学教师。

现在，站在大学的讲坛上，想起那棵死而复生的树，想起自己曾经几近枯萎的青春，我幡然悟出：人，其实就是一棵树，有枝繁叶茂之时，也有叶落干枯之际。枝繁叶茂时可能受到死亡的侵袭，叶落干枯时也可绝处逢生。

在默默坚忍中等待春天，在等待春天的过程中养精蓄锐。这就是生命创造奇迹的秘密！

没有谁能够左右胜负，除了你。自己的战争，你就是运筹帷幄的将军！

08 打败另一个自己

人的一生，从某种意义上说，就是一场自己对自己的战争。

每一个人的身上，都依附着两个自己：好的自己和坏的自己。这两个自己是一对天生不和的兄弟，每天都在争斗，每天都在试图打败对方。

一个积极的自己，一个消极的自己。当积极的自己打败消极的自己，人就表现出积极的一面；反之，表现出来的就是消极的一面。

一个高尚的自己，一个鄙陋的自己。当高尚的自己打败鄙陋的自己，人就表现出高尚的一面；反之，表现出来的就是鄙陋的一面。

一个真诚的自己，一个虚伪的自己。当真诚的自己打败虚伪的自己，人就表现出真诚的一面；反之，表现出来的就是虚伪的一面。

一个宽容的自己，一个褊狭的自己。当宽容的自己打败褊狭的自己，人就表现出宽容的一面；反之，表现出来的就是褊狭的一面。

一个快乐的自己，一个忧郁的自己。当快乐的自己打败忧郁的自己，人就表现出快乐的一面；反之，表现出来的就是忧郁的一面。

一个勤奋的自己，一个懒惰的自己。当勤奋的自己打败懒惰的自己，人就表现出勤奋的一面；反之，表现出来的就是懒惰的一面。

一个坚强的自己，一个脆弱的自己。当坚强的自己打败脆弱的自己，人就表现出坚强的一面；反之，表现出来的就是脆弱的一面。

一个伟大的自己，一个猥琐的自己。当伟大的自己打败猥琐的自己，人就表现出伟大的一面；反之，表现出来的就是猥琐的一面。

当身体内的两个自己发生战争的时候，你的思想偏向于哪一个自己，你就会不自觉地给那个自己加油助威，于是，那个得到了加油助威的自己很可能就是胜利的一方。

如果你想成为一个成功的人，那么，请为“最好的自己”加油吧，让积极打败消极，让高尚打败鄙陋，让真诚打败虚伪，让宽容打败褊狭，让快乐打败忧郁，让勤奋打败懒惰，让坚强打败脆弱，让伟大打败猥琐。只要你愿意，你完全可以一辈子都做最好的自己。

没有谁能够左右胜负，除了你。自己的战争，你就是运筹帷幄的将军！

把目光投向山顶吧，即使累倒在半山腰，也比站在山脚看得更远！

09 把目光投向山顶

一直以来，特别偏爱毛泽东的一首诗：

独坐池塘如虎踞，绿阴树下养精神。

春来我不先开口，哪个虫儿敢做声。

这首题为《咏蛙》的诗，是毛泽东16岁那年在湖南湘乡东山高小读书时写的。每次朗声诵读这首诗，我的精神都会为之一振，毛泽东少年时代立志扭转乾坤、主宰国家命运的伟大抱负，深深地感染和激励着我。

人生奋斗，立志确实是非常重要的，最初确立了什么目标，往往就决定了你最后能走多远。毛泽东就是一个很典型的例子。他，吟诵着“孩儿立志出乡关，学不成名誓不还。埋骨何须桑梓地，人生无处不青山”，走出韶山，走出湘潭，走出湖南，跨井冈，上太行，爬雪山，过草地，穿越枪林弹雨，历尽曲折坎坷，最后终于走到了北京，走上了天安门城楼，走入了20世纪影响世界的伟人之列，抵达了他人生的制高点。

当然，并不是每一个人都能像毛泽东一样，成为顶天立地的伟人，建立如此卓越的功勋，但每一个人都可以有凌云壮志，每一个人都可以成为最优秀的自己，每一个人，梦想的翅膀都可以触摸最高的那片天空。

我们生活的世界，杰出的人很少，平凡的人很多。然而，杰出的人，也原本都是平凡的啊。杰出者之所以能够从平凡走向杰出，是他们敢于想别人之不敢想，敢于做别人之不敢做，并坚信“没有比脚更长的路，没有比人更高的山”。“金刚虽坚，愿力最坚”，大胆的构想创造飞天的奇迹，伟大的志向成就卓越的伟人。

人生如登山，你所能到达的高度，往往就是你在山脚时为自己的攀登所预设的高度。不敢把目光投向珠穆朗玛峰峰顶的人，是永远不可能登上珠穆朗玛峰峰顶的。那些曾经征服过珠峰的攀登者，在攀登珠峰之前，他们的心早就无数次征服了珠峰，他们的目光早就无数次越过了珠峰。

我是一个喜欢做梦的人。所以，我的第一本诗集的名字就叫《寻梦的季节》。小时候，最大的梦想就是当一个像李连杰一样的武打影星。这样的梦想，在我们那块古称王爷山的穷乡僻壤，无疑是很奢侈的。后来，我的这个梦想当然破灭了，可我现在能在体育学院担任武术专业老师，当初的那个奢侈的梦想却是功不可没的！

在初中二年级那年用过的笔记本上，我还写过“将来要当四大家：作家、武术家、书法家、画家”的“伟大”梦想。对于一个 14 岁的农村孩子来说，这样的梦想如果被人知道了，是会遭到嘲笑的。但是，十多年过去，除了书法家和画家的梦想可能今生今世永远无法变成现实之外，前两个梦想都基本上实现了。

我出生在一个一贫如洗的家庭。我16岁那年退学在家当木匠。我有过两次高考落榜的经历。但这些都不能阻止我追求我的梦想，成就我的人生。就像爬一座很高很高的山，我已经跨越很多很多的艰难险阻，站在一个比较高的高度了。虽然这样的高度还不算高，但驻足回望云雾隐没的山脚——那个出发的地方，我的心中充满了骄傲，因为，我是凭着自己的力气一步一步爬上来的。尽管现在所在的位置，离山顶还很远很远。但我相信自己一定能站到山顶，成为这座高山的新的顶峰。因为我仍在竭尽全力地攀爬，仍在满怀激情地奋斗。

不要养成低头的习惯，要学会仰望。不要担心自己的脚力有限，把目光投向山顶吧，即使累倒在半山腰，也比站在山脚看得更远！

人，在年轻的时候，在寻找美丽梦想的途中，应该拥有为自己所深深热爱的人生榜样，他们为你点亮的心灵的灯盏，将永远烛照你奋然前行！

10 寻找生命的榜样

成功是没有止境的，所以，从某种意义上来说，我现在离真正的成功还有万里之遥。但我仍然为我的今天感到骄傲，因为从生活的最底层，一步一步走上来，这个高度是我们村子里与我同龄的兄弟姐妹们都不敢

攀登甚至不敢企望的。

我之所以走到了这里，拥有了这一片小小的值得骄傲的人生风景，除了自己的努力和机遇之外，还得益于我少年时代的几位人生偶像。是他们，使我知道了路也可以那样走；是他们，赐予了我追寻远大理想的无穷力量。

我的第一个偶像是李连杰。

我的家乡，古称“王爷山”，是全国闻名的武术之乡，自古以来盛行习武之风。在民间，至今流传着这么一句民谣：“王爷山的打，思利溪的耍，夏屋场的棍，牛坝塘的叉”；还有一句更有意思：“关云长的大刀赵子龙的马，长沙城的把戏王爷山的打”。“打”即武术的俗称。通过这些民谣，足见王爷山武术的八面威风。据说以前新化人到外面去做生意，不管是不是王爷山的，都说自己是王爷山人，因为人家只要听说是王爷山来的，立刻就会肃然起敬或畏之三分。也许是从小耳濡目染的缘故，加上血管里流着的原本就是祖先的血液，我从五六岁开始就对武术产生了非常浓厚的兴趣。10岁以前，我学练的都是传统功夫梅山拳。而真正了解梅山拳之外的武术，则是从电影《少林寺》开始的。那真是一部让我为之痴迷的电影，精彩的南拳北腿令我大开眼界。跟许许多多当年的武术爱好者一样，我把《少林寺》的主演李连杰当做心中的偶像。此后只要一有他的电影，我都会千方百计去一睹为快。那时我是穷小子一个，肯定没有买电影票的钱，而且也不敢开口向爸爸妈妈要。家里苦得很，我能对爸爸妈妈说要他们给我买电影票的钱吗？唯一的办法就是“混”。

当时，四乡八里就只有一个电影院，平时逢赶集才放电影，春节期间则天天放映。看电影的人特别多，人山人海。到了快放映的时候，有票的没票的，就一窝蜂似的使劲往里挤，守门的人力量再大也招架不住，我们这帮小孩子就常常夹在大人的屁股底下被挤进去。就这样，我又先后看了李连杰主演的《少林小子》《南北少林》等影片。记得《南北少林》在我们鹅塘乡电影院放映的时候，我一天之内跑去看了两遍！李连杰表演的“旋风腿”和“乌龙绞柱”，让我羡慕得心里痒痒的，只想自己也早点练出这么帅气的动作来。于是，看完电影后，我就仔细回忆电影里的每一个武打镜头，然后，反复模仿，反复琢磨。很多高难动作硬是被我攻克了下来。学了一些动作以后，我的野心更大了，我也想当像李连杰一样的武打演员。当然后来这个梦想成了永远的梦想，但我却因此练好了武术。高中毕业后，武术还帮助原本成绩不好的我圆了美丽的大学梦。在我所就读的体育学院，虽然高手很多，但论基本功的扎实和动作的传神，我应该是首屈一指的。这完全得益于长期以来李连杰对我的影响。

少年时代，除了痴迷武术之外，我还对文学产生了非常浓厚的兴趣。在家乡，称赞某人厉害时常常用“文武双全”四个字来形容。但真正“文武双全”的人是很少的。天生抱负不小的我，强烈地感受到了“文武双全”这四个字的神奇魅力，于是在自己卧室的木门上用粉笔写了一副自勉对联，上联已经不记得了，但下联依然印象深刻：“勤学文苦练武争做文武双全才”。后来看到一篇报道，说李连杰也是一个文学迷，他的理想是自编、自导、自演时，我更加坚定了自己的人生目标。于是，很自然

地，我又有了我的另外两位人生偶像——曾益德和谭谈。

16岁，从鹅塘中学初中毕业后，我考上了湖南新化县第二中学。该校是一所有着浓厚的文学氛围的高级中学，曾经诞生过几个在全国校园文学界颇有影响的文学社。也许是受周围环境的影响，我种植已久的文学梦，悄悄地抽芽发蕊了。当时，有一位叫曾益德的农民作家，在新化文坛影响很大，而他正是新化二中毕业的。由于他就生活在我们的身边，所以，他的事迹对我自然是一种有力的鼓舞。据说，曾益德二中毕业后，在家一边务农，一边自学写作，写过的稿子足足装了一柜子，终于，随着中篇小说《太阳从西边出来》的发表，他开始在文坛浮出水面，加入了湖南省作家协会。20世纪80年代是个文学鼎盛、作家吃香的年代，他也因此跳出农门，进入县里的文化部门工作。我没有机会读到他发表在《清明》杂志上的成名作《太阳从西边出来》，但却无意中在一本县文联的内部刊物《新蕾》上拜读他的计划生育题材的中篇小说《夏妹》，小说中多用方言，小说中的环境背景也是我再熟悉不过的日常生活，阅读时感到格外亲切。就这样，曾经是那么遥远而神圣的文学殿堂，因为一位生活在自己身边的榜样的出现，大大缩短了它与我之间的距离。原来，那金碧辉煌的文学殿堂，并不是遥不可及的。我坚信，只要努力，我也一定能成为作家！

记得在新化二中118班，有一位叫伍小庄的同学，与我有着相同的爱好。我俩既是同学，又是同桌，便经常有机会在一起谈武术，谈文学，谈理想，谈人生。久而久之，便产生了深厚的友谊。小庄家在离二中不远的山塘乡宝塔村，故而没有在学校寄宿，每天天不亮赶到学校来上早自习，晚自习结束后才回家住宿。有一次，应该是周末吧，小庄盛情邀请我跟他回家住一个晚上。我很愉快地答应了。一路上，我们谈兴很浓，不知不觉就把几里路甩到了身后的茫茫黑夜中。虽然赶到他家时，已经夜深人静，但我俩仍毫无睡意。我们谈着谈着，就谈到了湖南本土另一位自学成才的作家谭谈。这位作家比曾益德更加有名。关于谭谈，我在鹅塘中学读书时听我的好朋友刘华军谈到过，略有印象，知道他是从离新化不远的冷水江金竹山煤矿的“矿井里爬出来的作家”。但是他的大作，我还无缘拜读。小庄递给我一份破旧的《芙蓉》杂志，告诉我，上面有谭谈的小说。我抑制不住内心的渴望，迫不及待地翻开杂志，一口气读了下去。小说的名字叫《小路遥遥》，取材于谭谈自己的亲身生活经历。这篇小说，成功地塑造了一个从农村参军到部队，又从部队转业当煤矿工人的为理想执着追求、不屈不挠的文学青年形象。那个与谭谈的经历和身份都极其吻合的文学青年，名叫毕小龙。谭谈借主人公毕小龙之口在小说里说出的下面两句话，我至今记忆犹新：“沿着自己的路上山吧，让我们在山头会合！”“大路、小路，条条道路通峰顶。走小路虽然慢一点到达顶峰，但道路艰难，脚步更坚实些！”这篇小说，直把我读得如痴如醉，心潮澎湃。那个低矮的小阁楼上的夜晚，给了我人生难得的激动和幸福。从此，我迷上了谭谈和他的作品，几乎买遍和读遍了他那个时期出版的所有小说和散文著作，其中印象最深的是《山道弯弯》《罪过》《太阳城》《你留下一支什么歌》等，有的篇章甚至一读再读，如他作为

《罪过》序言的那篇著名的《我的幸与不幸》，那个抨击时弊的愤怒的声音，依然振聋发聩："是的，我没有读过书，可我写书给那些读了书的人读！" 谭谈跟曾益德一样，是我身边的作家，写的都是我熟悉不过的环境、人物和事件，他只上到初中二年级，却有着鼓舞人心的坎坷又辉煌的成才经历，因此，他的事迹和言论对我的激励，他的作品对我的文学和心灵的滋养，都是显而易见和极其重要的。

"榜样的力量是无穷的。"真的，在那激情燃烧的岁月里，李连杰、曾益德和谭谈，都是庄严伫立于我心中的精神的丰碑。我想，如果没有他们伴我走过一段热血沸腾的岁月，很可能就没有我日后的书剑人生。因而我觉得，人，在年轻的时候，在寻找美丽梦想的途中，应该拥有为自己所深深热爱的人生榜样，他们为你点亮的心灵的灯盏，将永远烛照你奋然前行！

其实，每一个人的幸福和痛苦都是一样多的。幸福的人，目光停留在幸福上的时间多一点。痛苦的人，目光停留在痛苦上的时间多一点。

11　快乐只是一种心境

以下是我跟一位朋友的聊天记录——

剑客书生：老同学，你好。开学了吗？

雨夜飞燕：忙了好些天了。

剑客书生：很充实啊。

雨夜飞燕：是的。我最怕过无所事事的日子。

剑客书生：呵呵，现在也没有这种日子过了。

雨夜飞燕：到头来还不是一无所成？其实每天这么忙，也不见得是有所事事。

剑客书生：生活原本如此。

雨夜飞燕：这不是我以前所想象的人生。

剑客书生：人生总是无法预设的，每一个明天都在意料之外，这正是生命的魅力所在。很少跟你交流，你可是我们心目中真正的才女。

雨夜飞燕：你对我的印象只停留在很久以前。而很久以前的我，也绝没想到今天的我会如此平庸。

剑客书生：不要过早地给自己下结论，因为你还是接近正午的太阳，正是生命之火放射强光的时候。

雨夜飞燕：过了这么多年以后，我很清楚地知道我缺少成功者所必备的一种素质。

剑客书生：缺什么补什么，成功迟早会来。

雨夜飞燕：平凡的人如此多，我不过其中一个，我心中早没了太阳。

剑客书生：我不希望听到当年唱得一腔动听歌声的你发出这种萎靡之音！振作起来，重新上路！

雨夜飞燕：天凉好个秋啊。

剑客书生：错了，外面正是春天。白天的时候，阳光都照进屋子来了。

雨夜飞燕：凉的是心境。

剑客书生：制造阳光。

雨夜飞燕：想想，其实甘于平凡也是一种幸福吧。

剑客书生：其实每一个人都很平凡。

雨夜飞燕：这话中听。

剑客书生：有人说，把每一件平凡的小事做好，就是不平凡。我们都只是在做一些平凡的小事而已。

雨夜飞燕：我没把握做好每一件事，但我会认真地做每一件事。所以，我很充实，因充实而幸福。

剑客书生：这就够了。快乐与幸福只是一种心境。

雨夜飞燕：幸福真的只是一种心境，有时，幸与不幸只在一念之间。

剑客书生：其实，每一个人的幸福和痛苦都是一样多的。幸福的人，目光停留在幸福上的时间多一点。痛苦的人，目光停留在痛苦上的时间多一点。

雨夜飞燕：是吧，很有哲理。

剑客书生：所以，痛苦的时候，我们不妨往别处看看。或许，幸福就在那一边朝你微笑！

雨夜飞燕：所以，你也就一直这样痛并快乐着。

剑客书生：呵呵，有时候，痛苦也是一种幸福呢。

雨夜飞燕：看来你还很享受这种痛的过程呢。

剑客书生：没错，把苦涩嚼成甜蜜，就是一种幸福。

雨夜飞燕：就这样过一辈子，到头来会不会觉得遗憾呢？

剑客书生：人生原本就是一段充满遗憾的旅程，对得起自己就可以了。

雨夜飞燕：那就还这样过吧。幸福时多多享受，痛苦时少去在意。呵呵，就跟你聊这么一小会儿，又激起我的斗志来了。我刚才跟你说过我缺少一种素质吧？你知道是什么吗？

剑客书生：说说看？

雨夜飞燕：我缺少的是恒心，是毅力。

剑客书生：这点你确实需要向我学习。你每天写一点随感式的日记，很好。写多了真是一笔巨大的财富。写随感式的日记，也是一种整理思想，收拾心情的过程。

雨夜飞燕：我相信那必定是一种财富，从明天开始，我就再积累吧。就当我的人生从明天开始。

剑客书生：燕子应该不只是在矮檐下筑巢的，应该把黑色的翅膀交给天空才对。

雨夜飞燕：是，我要早点休息，去迎接新的一天，新的人生！

剑客书生：明天是崭新的一天。打开门，幸福会向你扑来。别怕被幸福吓着，被幸福吓一跳，本身也是一种幸福呢。

㊝㊅㊕

放下抱怨——与其抱怨，不如努力

所有的失败都是为成功做准备。抱怨和泄气，只能阻碍成功向自己走来的步伐。放下抱怨，心平气和地接受失败，无疑是智者的姿态。

抱怨无法改变现状，拼搏才能带来希望。真的金子，只要自己不把自己埋没，只要一心想着闪光，就总有闪光的那一天。

纵观古今中外，很多人生的奇迹，都是那些最初拿了一手坏牌的人创造的。

不要总是烦恼生活。不要总以为生活辜负了你什么，其实，你跟别人拥有的一样多。

01　生活，是公平的

狗年正月，我和好友仁兵、表弟长辉一行三人去朋友紫木楂家拜访。

紫木楂的家，在古台山下的铁石村。因为山路崎岖，且路上满是泥泞、水洼，出租车开完刚修好的水泥路段后，把我们扔下了。我们只得租摩托车继续行进。

前面的路，坑坑洼洼，又窄又险，虽然摩托车司机技术相当过硬，坐在后面的我，仍有种提心吊胆的感觉。

颠颠簸簸坐了十几分钟，铁石村终于到了。我们这才开始放心地留意四周的风景。这里群山环绕，山溪潺潺，水是清的，风是甜的。紫木楂的屋后，就是一条明晃晃清亮亮的小河。品味着铁石村的山光水色，我们仿如置身于人间仙境。

离开铁石村的时候，我不无遗憾地想，这里什么都好，就是经济不发达，进山和出山也都很不方便。同时，我也想到我曾生活过多年的长沙、北京等大城市。那些地方，有着宽阔平坦的长街，明亮如昼的路灯，闪闪发光的霓虹灯，琳琅满目的商场、超市，经济非常繁荣，交通也十分便利，可却呼吸不到清新纯净的空气，也喝不到清冽甘甜的泉水，而且，都市的拥挤和喧嚣，直弄得人心烦意乱。正因为如此，乡村的人，都日夜梦想着走出大山，走向远方；而城里的人，却时刻渴望着回归山林，回归自然。

生活，真的是很公平的啊。给予了你此，便不会给予你彼，给予了你彼，便不会给予你此，总之，十全十美的事情是没有的。不要总是烦恼生活。不要总以为生活辜负了你什么，其实，你跟别人拥有的是一样多。

别人也许拥有比你多得多的财富。不必羡慕，也许你正拥有比他多得多的健康。

别人也许拥有比你高得多的职位。不必羡慕，也许你正拥有比他多得多的快乐。

别人收获爱情的时候，也许你仍孤身一人，享受寂寞的煎熬。不必羡慕，看看你自己，是不是比他多一份事业成功的希望？

别人走向辉煌的时候，也许你仍默默无闻，过着平凡的生活。不必羡慕，看看你自己，是不是比他多一份心灵的悠然，生活的坦然？

珍惜自己所拥有一切，同时祝福别人的拥有。

经营好属于自己的一份生活，同时也希求别人生活得更加美好。唯其如此，我们的生活，才会酿造出一份遗憾的完美。

作为“上帝”派来人间旅行的旅行者，我们必须学会珍惜，珍惜属于自己的有限的时间，珍惜沿途每一处值得珍惜的风景，也珍惜我们身边每一个结伴而行的人。

02 珍惜人生

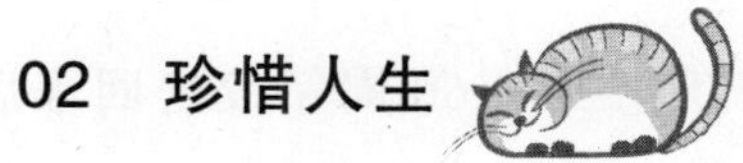

她喜欢说话

喜欢笑

喜欢在课间，跟男同学追逐打闹

为了争读一本诗集

我们曾在教室里

追赶过好几个回合

她喜欢沉默

喜欢静坐

喜欢一个人在草地上看书晒太阳

偶尔迟到或缺课，跟老师顶嘴

她常常想些什么

我不知道

我复读那一年

她在一家镇水泥厂做临时工

普通同学，毕业了就再无联系

想问她现在过得好不好

可是谁知道呢

服毒自杀，是她中学毕业后

留给我的最后的消息

上面这首诗，是我参加我的母校湖南新化二中60周年校庆回来后写的。诗中的“她”，是我的同班同学。她表面上是一位非常乐观的女孩子，所以，对于她的非正常死亡，我们都很震惊，也很惋惜，但她的死因，

却永远是一个谜。

令我更加震惊和惋惜的是，我的一位男同学的死。校庆时从朋友口中得知这个消息，我的心久久无法平静。在我们文科班，他是一位数一数二的小帅哥，一米七几的个子，眉清目秀，温文尔雅，深得男生的喜欢，女生的青睐。大概是高二的时候，他跟班上一位女生恋爱了，两人的感情不错。不过，参加高考时，也许是发挥失常，他们双双落榜。落榜后的他们，没有再复读，回家不久即订婚，然后结婚。当年，我们浪漫的文科班，坠入爱河的不少，但成功的寥寥无几。他们是我们大家羡慕不已的最幸福的一对。虽然没有考上大学，但收获了美好的爱情，而且最终花好月圆，修成正果。可后来的故事却并不那么美妙。朋友告诉我，他结婚后不久，在工地上做事时不幸被搅拌机搅断一条腿。高位截肢的他，有很长一段时间，完全只能卧病在床。加上他因缺钱而得不到彻底有效的治疗。更要命的是，他的妻子，在他最需要她的时候，背叛了他，经常跟他闹离婚。最后，伤痛的折磨，情感的煎熬，使他过早地走到了生命的终点！

据说，还有一位同年级的女同学，高中毕业后南下打工，在厂里，爱上了老板的儿子。岂料，这位富家公子是个多情汉子负心郎，把她玩弄之后便撒手不管了。纯真的她，一气之下投身珠江，再也没有上来。另外，我的中学和大学同学中，就我知道的，还有电击身亡的，死于情杀和癌症的。这些年轻生命的终结，是当年风华正茂的我们做梦都梦不到的。而现实如此残酷，我们在悲痛和感慨之余，也只能平静地接受了。

此刻，在深夜的灯光下，想起我的这些早早走完人生最后一站的同学，我深感生命的短暂和无常。人生，就是这么一次并不漫长且终点不知在何处的旅行，旅行时间的长短，是“上帝”统一安排的，“上帝”不会因为谁的表现好就让他在人间多逗留一分一秒，所以，作为“上帝”派来人间旅行的旅行者，我们必须学会珍惜，珍惜属于自己的有限的时间，珍惜沿途每一处值得珍惜的风景，也珍惜我们身边每一个结伴而行的人。

如果上帝要惩罚你，让你一个人过，那么，不要抱怨，也不要问为什么，还是虔诚地感谢他吧，因为，上帝自有上帝的理由；因为，一个人也有一个人的精彩。

03 上帝自有上帝的理由

清早起来，收到一条短信：

“建文，你好！问你一个问题可以吗？为什么一纸文凭可以粉碎一段甜蜜的爱情？矮个子无法连接两颗真诚的心？外地寻梦的游子真的那么穷与卑微吗？给我答案。”

发短信的是苏宝，那个流落民间的怪才。

面对这个咄咄逼人的问题，我真的没法给出答案。

苏宝高中毕业后，没有考上大学，一直在外流浪，寻找属于自己的梦想和生活。长沙、湘西、湖北、广东都留下过他那深深浅浅的足迹。之后他漂泊到了重庆，在那里一待就是几年，虽然有了自己的策划工作室，但日子仍然艰难。

后来，苏宝在电话中告诉我，一个重庆的女孩爱上了他，但女孩的父母坚决反对，嫌他个子太矮，没有文凭，又不是重庆本地人。这段美好的爱情，终于成了一片风中的落叶。

我对苏宝说——“这个世界，什么都可以通过努力得到，唯有妻子是上帝的恩赐”。如果上帝要惩罚你，让你一个人过，那么，不要抱怨，也不要问为什么，还是虔诚地感谢他吧，因为，上帝自有上帝的理由；因为，一个人也有一个人的精彩。

生活不会因为你的抱怨而调整，却能因为你的努力而改变。所以，与其抱怨，不如努力。

04　与其抱怨，不如努力

有一位男孩，不但外表丑陋，而且患有严重的气喘症，说话也含混不清，几乎没人听得懂，但就是这位男孩，后来成为美国第二十六任总统。他就是罗斯福。

罗斯福成功的秘诀是什么呢?

天生的缺陷没有使他自怨自艾，而且，它造就了罗斯福一生的奋斗精神。他经过长期的锻炼和学习，不仅克服了气喘的毛病，而且拥有了一副好体魄。更让人吃惊的是，以前说话含混不清的他，通过刻苦的练习和积极参加社会活动，他的口才也得到了大幅度的提高。上大学后，他还常常利用假期，到亚历山大去追逐牛群，到洛杉矶去捕熊，到非洲去捉狮子。这些，使曾经缺陷明显的罗斯福获得了一种勇敢强壮的姿态，为他以后成功竞选总统奠定了坚实的基础。

我还听说过一个故事。一个中学生，他的理想是考上清华大学，但因为高考发挥失常，最后只考上了一所一般的本科大学。他痛苦了一段时间，但他并没有因为目标没有实现而沉浸在喋喋不休的抱怨中，而是马上为自己制订了一个新的目标——考上清华大学的研究生，并从上大学第一天开始，就为这个目标努力拼搏。四年后，他如愿以偿地走进了神往已久的清华园。

生活不会因为你的抱怨而调整，却能因为你的努力而改变。所以，与其抱怨，不如努力。

豁达是一种态度，更是一种心的境界。既然抱怨和眼泪都不可能挽回失去的一切，那就笑着从头再来吧。

05　洒脱的豁达

人生难得是豁达。

豁达，能借你一双慧眼，让你从绝望中看到希望。

同样是一场火灾，很多人看到的是令人伤痛欲绝的灰烬，而在大发明家爱迪生眼里，却是一次从头再来的机会——

1914 年 12 月，爱迪生的实验室发生了一场大火，他一生的心血在大火中化为灰烬。

面对熊熊燃烧的大火，爱迪生眼见已经无力换回任何损失，便带着几分幽默对他的儿子说："快去把你的母亲找来，她这辈子恐怕再也见不到这样的场面了。"

第二天，他面对一堆灰烬感慨道："灾难自有它的价值，瞧，我们以前所有的谬误和过失都被大火烧得一干二净。感谢上帝，我们又可以从头再来了。"

豁达是一种态度，更是一种心的境界。既然抱怨和眼泪都不可能挽回失去的一切，那就笑着从头再来吧。有时候，从头再来，也许离成功更近。

苦难是一所人生的大学，从这所大学里毕业的学生，往往是最有出息的人才。著名作家曹文轩说：“少年时就有一种对痛苦的风度，长大时才可能是一个强者。”

06 在苦难中学习坚强

我的第一声啼哭，无力地留在20世纪70年代。

那时候，“文化大革命”尚未结束。国家的厄运注定了民众的苦难，更加要命的是，生不逢时的我，偏又选择了全国一百个贫困县之一的湖南省新化县一个偏僻闭塞的小山村。

据母亲回忆说，我出生的那天是个雨天。夏雨滂沱，山洪爆发，屋前的小河发疯似的涨起了浑黄的大水，河上的小木桥颤抖着贴在水面，像个严重酒精中毒的老人。父亲在离家几十里的木材站工作，一个星期才能回来一次，这天刚好不在家。母亲只得打发二姐提着煤油灯去找隔壁的利五叔，要利五叔帮忙去喊河对面的接生婆。热情的利五叔一口就答应了，就着黎明前的蒙蒙光亮，顶风冒雨往河那边赶。由于河水太深太急，木桥太窄太抖，天色又半明半晦，利五叔只得俯下身子，手脚并用，一步一步爬过桥。好在回来时天已大亮，而走惯了小木桥的接生婆也不是很胆小，否则我的出生能否顺利肯定是个问题了。就这样，农历四月初五的辰时，严重营养不良的我哭喊着来到了这个陌生的世界。大姐闻讯喜滋滋地跟父亲一道赶回来，抱着用烂布片包裹着的像小老鼠一样轻的我说，我弟弟真可

怜呢。然而，已经长大成人的大姐应该知道，真正可怜的日子还在后面。我前面已经有了两个姐姐和一个哥哥（本来还有一个大哥的，几个月大的时候因为腹泻，被邻村的庸医给治死了），在这个食不果腹的年代，多了一个我，家里无疑又多了一份沉甸甸的负担。

我家是一个“半边户”家庭。“半边户”就是家庭的主体在农村，但父亲或母亲至少有一个在外面工作。熟悉当时农村生活的人都知道，“半边户”家庭的日子是尤其不好过的。家里只有母亲一个主要劳动力，而女劳动力出一次工只能记七八分工，到了年底分粮食时，我家每次都只能分到很少的一部分。父亲是普通的伐木工人，每月就二十几块钱的工资，回来还要向生产队“投资”。生产队对粮食的分配也是很不公平的，家里不强的半边户常常是被欺负的对象。看到辛劳一年就分来那么一点点口粮，母亲总是黯然神伤又无可奈何。母亲只有更加努力地出卖自己廉价的劳动来获得稍微多一点的报酬。

因为父亲不在家，哥哥和二姐还小，母亲一生下我就得下地劳动，加上产前产后都没有一口饱饭吃，更没钱买鸡来补补身子，家里蒸的一坛准备坐月子喝的糯米酒，又被好客的母亲用来招待在我们那里蹲点的干部了，所以，原本体弱的母亲自此落下了一身的病痛。幼小的我，几乎就是在母亲病痛的呻吟中长大的。

母亲是个左撇子，在家或者下地干活都是用左手，用她自己的话说，是靠一只左手吃饭的。然而，1976 年那个黑色的夏天，靠左手吃饭的母亲，却不幸把左手摔断了。1976年的唐山大地震，使举国上下都处于一片对地震的惊恐之中，我所在的新化县也不例外。夏天的夜晚，先是公社喊广播，然后是生产队队长吹着哨子挨家挨户喊，我们这里也很可能发生地震，要大家千万不要睡着了，最好就在坪里乘凉，发生地震的时候安全些。幼小的我，开始不知道地震为何物，当我明白了地震就是大地猛地一抖，裂出一条缝来，像狮子大张口一样把人、房屋和牲畜统统吞下去之后，我就吓得再也不敢睡觉了。可是，广播喊了很多遍，哨子吹了很多遍，恐怖的地震却没有降临我们县、我们公社、我们小小的村庄。于是，大人们都开始放松警惕了，晚上虽然照例要到坪里坐一会儿，摇着蒲扇乘乘凉，论论国家大事，谈谈家常小事，但到了九点十点，大家就陆续回家睡觉去了，淌着月光的坪里，渐渐归于寂静。我却仍然害怕得很，对地震的那种莫名的本能的恐惧，让我总是担心夜晚的来临。而夜晚终究是挡也挡不住的，太阳一落，它就准时来到。那是一个漆黑漆黑的夜晚，天气热得出奇。母亲说带我上楼去睡，说楼上通风些，凉快些。我哭着闹着，坚决不同意。我的歪理是，发生地震的时候，睡楼下逃出来快一些，逃到了坪里，就不会被倒塌的房子压住。历来把我当做心肝宝贝的母亲马上就依了我的，终于放心的我，在母亲蒲扇送过来的风里甜甜地睡着了。半夜，我从一阵噩梦中惊醒，习惯性地用手摸摸身边，空空的，母亲每晚垫在我头下的温软的手不见了。原来，母亲因为热得实在受不了，把我哄着睡熟之后，就一个人到楼上睡觉去了。哥

哥在那一头睡得很香，我的眼前一片深渊般的黑暗，我满脑子都是对地震的恐惧。我哇的一声大哭起来。警醒的母亲听到我的哭声，翻身从楼板上（楼上没有床）爬起来，找一盒放在枕边的火柴，没有找到，就急急忙忙往楼梯口摸，却不料一手摸空，从楼梯口重重地摔了下来。滚下楼梯之后是左手着地，被摔断的左手，鲜血直流。住在附近的俊叔等闻讯赶来，帮母亲把手匆匆包扎一下，就用竹靠椅心急火燎地把痛得晕过去的母亲抬往七八里外的区医院。母亲的伤势很重，骨头粉碎，血管断裂太多，难以缝合，医生建议把左手锯掉。母亲坚决不同意："医生，求求你，这只手不能锯，我是靠这只手吃饭的，锯掉了，我一家大小怎么活啊！"在母亲的央求下，母亲的左手被保留了下来，但一连几年，这只手都使不了重力气，而且每到刮风下雨或变天的时候，她的手就又痒又痛。令我敬佩的是，母亲硬是咬着牙，用这只"断手"把我们那贫苦不堪摇摇欲坠的家支撑了下来！

那年月，买粮食要粮票，买布要布票，买肉要肉票。自己喂的猪不能自己杀，要送给食品站，叫做"送生猪"，辛辛苦苦喂大一头猪，到头来自己血汤都喝不到一口。只有那些当干部的或有关系走后门的，才能隔三差五开点荤，打个牙祭。常年吃黑糊糊的薯米饭、难得闻到一次肉香的我们,最盼望的无疑是吃一顿香喷喷的白米饭和诱人的辣椒炒肉了。当然，猪的"内货"（内脏）如猪肝等，更是我们梦寐以求的。但因为肉食供应困难，肉票总是要到过年过节才能发几张的。于是，我和我的哥哥姐姐，常常是刚过完年就又盼望过年。“大人盼插田，细人盼过年”，到了过年的时候，既有肉吃，又有新衣服穿（常常是蓝咔叽或灯芯绒的新衣服），还能放几挂一百响或者两百响的浏阳鞭炮，那才叫真正的快乐和幸福呢。

生产队解散的前两年，队里还是经常出工，碰到干一些重体力活的时候，公家就会打一次牙祭。那年夏天，或者是秋天吧，具体时间我已经记得不是很清楚了，队里召集本生产队的劳动力，去雷公山上用三合泥打蓄水池，用于干旱季节土地的灌溉。三合泥是石灰、黄土和水的混合物。蓄水池挖好后，就把石灰和黄土倒到池子的底部，从旁边的庙冲水库里挑来一担一担的水，倒进池子里进行浸泡。把石灰浸湿浸透了，把黄土泡松泡软了，十几二十个劳动力就一拥而下，光着脚使劲踩，直到把这团三合泥踩熟，便又接着再踩一团。踩熟后的三合泥，先抹在四周池壁上，抹好了四壁，最后就是打底。虽然太阳很毒，晒在身上麻辣火烧；石灰的刺激性又很强，踩完三合泥后是要脱掉好几层皮的，但大家还是干劲十足，因为等着他们的，将是一顿久违了的喷香喷香的饭菜！我的妈妈，还有我十多岁含苞待放的二姐，在这一群踩三合泥的人中，汗花四溅，踩着破碎的梦想，踩着人生的艰辛。

落日熔金时刻，散工了，大家洗净腿上的石灰泥巴，拖着快散架的身子骨，戴着被太阳晒旧晒爆了的棕丝斗笠欢欢喜喜回家去。打牙祭的地点，在生产队用来开会的办公室。家里有老人孩子的，先回去安顿一

下老人孩子，顺便洗把脸，没老人孩子的，脸也懒得回去洗了，从雷公山上下来就直奔冒着浓烈柴烟的生产队办公室，把斗笠一摘，就地而坐，巴不得厨子师傅早点儿摆饭菜。母亲让二姐先去办公室等，自己则回来看看我和哥哥。因为队里有规矩，我们这些没做事的小孩子是不能跟着大人去吃的。母亲告诉我们在家里听话，说她到办公室去吃饭，一下子就回来。尽管我和哥哥都很想去，但还是听话地点了点头。办公室隔我家就只有一个屋和两块坪的距离，晚风带着饭菜的香味儿，一股一股地朝我们的鼻子里飘，我们咽下去一口口水，接着又咽下去一口口水，也许是饿了的缘故，口水咽得咕咚作响。去办公室吃饭的母亲果然一下子就回来了，给我们带回来一大碗白米饭，白米饭上罩着的是我们垂涎已久的豆腐干子炒肉。后来我才知道，母亲那天自己一口也没吃，而是把她的那一份带回来给我们兄弟俩吃了。那天，母亲提出要带回家吃，有的人居然马上就提出反对。是掌厨的美山奶奶帮母亲说了一番好话，母亲才得以把饭带回家的。实际上，母亲带回家的只是一碗饭，如果她坐在那里吃，至少要吃两三大碗啊。可是，为了孩子，善良的母亲却默默地吞下了这些委屈。

“文化大革命”结束了，我们的祖国，如同一辆偏离了轨道的列车，重新找到了正确的方向。土地承包到户了，农村经济开始渐渐复苏。但毕竟“十年浩劫”给老百姓带来的损失是不可估量的，浩劫后的农村就像霜打过雪压过的荒芜已久的草地，和煦的春风只能将它徐徐地唤醒。

食品站没有了，农民喂的猪，不用再“送生猪”了，可肉食品依旧并不丰富，除了过年过节，平时买得起肉吃的还是极少数的家庭。家家户户喂的猪，大都是要等到过年才杀的。旧历年底一到，村里的屠户就忙开了，今天给这户人家杀猪，明天又被另一户人家喊去。看别人杀猪，又成为我们小孩子的一桩乐事。因为既可以看热闹，碰到特别热情的主人，还能够解一下嘴馋，要么给你吃一块热热的“池子油”，要么打发你几块猪血，作为你清早起来看杀猪的“报酬”。猪杀好了，主人要请屠户师傅吃饭，用猪肝和肉炒两个下酒菜。有时候，如果看杀猪的小孩不多的话，主人就会盛一小碗饭夹点肉和几片猪肝送到你的面前：“来，莫做客，趁热吃了。”我们往往表面上故作推迟，喉咙里却已伸出一只手来。像这样的恩惠，我们在俊叔家得到的要多一些。因为俊叔的儿子——建平哥哥——跟我们兄弟俩玩得很好，一年四季，几乎是形影不离的。然而，我们看杀猪，也给母亲留下了一次永远的痛。有一次，一个邻居杀猪，哥哥听到猪的叫声，一骨碌就从床上爬起来，顾不上熟睡中的我就跑了过去。因为看杀猪的人比较多，哥哥挤进去看的时候不小心把一户人家的宝贝儿子碰了一下，正好那宝贝儿子的父亲在场，那做父亲的不问青红皂白，狠狠地敲了哥哥一指头，把老实听话的哥哥敲得哇哇大哭。母亲知道后伤心不已，习惯了忍气吞声的母亲没有去找那个打哥哥的男人计较，却一个人心疼地流了很久的泪。因为家里穷，母亲见孩子们跟着大人受苦，所以对每一个孩子都特别疼爱，从来都舍不得骂，更舍不

得弹孩子们一个手指头。可是，从来没被父母打骂过的哥哥，却被别人打哭了。对于这件事情，母亲多年后仍记忆犹新，每每提起，语气里还饱含着当年的心疼。现在，那个打过哥哥的人早已不在人间了，我们的日子也越过越好了，我想，一向博大宽容的母亲应该已经在心里默默原谅了他。

云依旧飘，叶依旧落，太阳依旧升起又降落，我们贫寒而苦涩绵长的日子，依旧如水一样从屋前屋后不声不响地流过。在薯米饭的喂养下，在对美好生活永无尽头的羡慕与渴望中，我长成了一个圆圆脸的有着一头淡黄头发的少年，不变的蓝咔叽或灯芯绒的衣服，不变的一寸左右的运动头。偶尔戴一顶有着红五角星的旧军帽，端一支自己用柴刀精心制作的木头枪，自豪地在田间地头冲锋陷阵。而饥饿依旧袭来，肉、白米饭、包子和面条依旧是我们永远的诱惑。那天，我记得是吃晚饭的时候。我家的饭还没有熟，就在老屋一侧的坪里玩。当时我们每天都只吃两顿饭——早饭和晚饭，早上吃一顿，要到天墨黑墨黑的时候才能再吃上一顿。我想，那天我一定是很饿了，当隔壁的蚂蚁（一位与我同龄的男孩，不知为什么，大家从小都叫他蚂蚁。他哥哥的外号更有趣，叫做老鼠精）端着一碗热热的面条到坪里来吃时，我居然厚着脸皮对他说："蚂蚁，给我吃一口吧！"蚂蚁家跟我们家一样的穷，一碗面条对他来说是一次难得的盛宴，怎么舍得分一口给我吃呢？他用眼睛瞟了我一眼，想都没想就拒绝了我。我还是不死心，又说："你以前在我们屋里吃了东西的！"言外之意是，他以前吃了我家的东西，今天理所当然应该给我吃。他还是不肯。我继续求他：“一口，好嘛？就吃一口。”“你想呢！”他不耐烦，边吃边闪到一边去。眼看他就要吃完了，我的饥饿感突然特别强烈，他碗里的面条也格外的香。连我自己都觉得不可思议的是，我竟不顾一切地冲过去，把手直接伸进他的碗里，抓一把就往嘴里塞。也许，这是我这一生中吃得最香的一口面条了。多少年来，我走南闯北，吃过湖南津市的牛肉面，四川的酸辣面和担担面，北方的拉面和刀削面，可真的还没有一种面条，比我小时候在邻家小孩碗里抢来的那把没有任何作料的清汤面好吃！蚂蚁显然被激怒了，他把碗朝地上一摔，拣起一块瓦片，像只凶猛的小野兽一样哭着骂着向我追来。我以闪电般的速度逃进屋里。蚂蚁扔来的瓦片砰的一声砸在我家的木板墙上。那一瞬间，我不敢做声，一种强烈的羞辱感像一只魔爪一样痛苦地攫住了我。当妈妈问我是不是真的吃了蚂蚁碗里的面条时，我坚决地否认了。时代过去了，我们长大了，年少时的羞辱感却如一道荆棘筑成的栅栏，永远横亘在我和蚂蚁之间。我们始终没有成为很好的玩伴和朋友，甚至从那时到现在，我们常常相见却从没说过一句话。这不能不说，是那个苦难的时代在我们本无怨恨的心灵上写下的遗憾。

在我五岁那年，我年仅 42 岁的二姨妈因心脏病发作离开了人世，留下一个上小学的儿子和嗷嗷待哺的两岁半的女儿。在娘家，母亲排行老大，底下有五个妹妹和一个弟弟。因为从小带弟弟妹妹长大的缘故，母

亲非常能吃苦，也很有责任感。哭着喊着把可怜的二姨妈送上山后，姨父红着眼圈对母亲说：“大姐，你妹妹走了，没办法，我满妹子就只能拜托你了。”母亲二话没说就答应了，问父亲，父亲也满口答应。就这样，两岁半的满妹来到了我家。我那原本就不堪重负的家庭，步履更加艰难。

日子过得真苦啊，可是，再苦也得撑下去。母亲一年四季忙里又忙外地劳动。父亲照例在木材站上班，大姐先是在父亲所在的单位做临时工，快转正时却被副站长的亲戚通过关系硬挤掉了，这一层阴影从此跟随了她大半生，大姐因此少有开心的时候。当时，每到星期六，父亲就会披星戴月从单位赶回来，星期天忙一整天，担柴，挑粪，挖红薯，打稻谷，连夜又赶回单位去。由于劳累过度，生活又过于节俭（他和大姐曾经吃一个辣椒就下一顿饭），父亲病了，患了肺结核。知道他生病的消息，母亲带着我清早起程，沿新修的湘黔铁路步行了几十里路，赶到父亲所在的坪口木材站。到了木材站，才知道父亲已经住院了。我们娘儿俩只得又折回二十余里，赶到建在一片菜地和稻田之间的团结山医院。在路上，我和母亲心里都非常焦急，待见到了父亲才放心了些。父亲见到我们特别高兴，情绪也不错，乐呵呵地招呼着我们。如果不是瘦一点黑一点，还真看不出是个在这里住院的病人。父亲有着坚强的毅力，这毅力帮助他不久就战胜了疾病。肺部铜钱大的病灶清除了，扛木头出身的父亲又拥有了强有力的呼吸。

父亲九岁丧母，从小就挑起了生活的重担。饱尝了生活艰辛的父亲很爱我们，对我们却也要求严格。在我刚刚几岁的时候，就给我买了草鞋，并在铁匠铺里给我打了一把柴刀。跟着父亲上山去担柴，成了我童年生活的一项重要内容。常常，我的手上、腿上和身上，到处是被荆棘划破的斑斑血迹，我的被禾枪（挑柴的工具）擦破的双肩，又红又肿，久了，居然长出一个厚厚的肉坨。日复一日，年复一年，屋背后的弯弯山道上，留下了我数不清的稚嫩的脚印。那脚印深深浅浅、歪歪扭扭，却是我永不磨灭的成长的痕迹。关于少年时担柴的记忆，因为深深铭刻在心坎，所以至今难忘。一天黄昏，我和满妹跟着父亲去坳背后担柴，父亲砍一阵后，看看够一担柴了，就给我捆了一担，让我先回家去。我把柴放到肩上试了试，比平时的要重，有点扎人。但我为了能够早点儿回去休息，就鼓足干劲挑着柴上路了。结果没走多远就在深深的林子里迷路了。因为坳背后虽然柴又深又密，但离家太远，我们一般是不去的。找不到路，我只有挑着柴在林子里横冲直撞。一不小心，前边的柴捆碰到高大粗壮的树干上，树的强大的反弹力毫不客气地将我连柴带人撂倒在地上。膝盖摔青了，屁股摔肿了，我只能强忍着疼痛和眼泪，强忍着愤怒和委屈，继续向前。不知摔了多少次跤，不知骂了多少次娘，不知多少次眼泪到了眼眶里又到底没哭出来，我终于跌跌撞撞来到了林子的边缘。这时，太阳已经落山了，林子里怪鸟的鸣叫，高一声，低一声，让人心惊胆战。远远的山下，模糊的灯火次第亮起，更增添了这山林的冷清、幽深和寂寞。我没有立刻下山去，孤独地站在那里，又气，又恨，

又惊恐。突然，一股莫名的愤怒，使我猛一低头，把柴用力地扔了出去。落日黄昏里，柴担呼啸着越过我的头顶，像一束黑色的闪电，翻滚着，消失了。接下来就是一声沉闷的钝响和山谷愤怒的回音。

苦难是一所人生的大学，从这所大学里毕业的学生，往往是最有出息的人才。著名作家曹文轩说："少年时就有一种对痛苦的风度，长大时才可能是一个强者。"我经历过的那些苦难，虽然已经成为永远的过去，但苦难这所大学发给我的那张无字却无比过硬的文凭，无疑将使我受用终身。是它教会了我，在苦难面前绝不低头，保持一种优雅的风度。

抱怨无法改变现状，拼搏才能带来希望。真的金子，只要自己不把自己埋没，只要一心想着闪光，就总有闪光的那一天！

07　放下抱怨，绘制人生的蓝图

2007 年 5 月 10 日下午，毕业前暂时寄宿我处的文明华兴奋地跑回来告诉我，他被广州体院录取了。我真为他感到高兴。于是他约三五好友，在学校附近的泽家湖餐馆小庆了一番。

文明华是我的学生，一位外表阳光的大男孩。说话时喜欢笑，一笑就露出两个深深的酒窝。短短的头发，根根直竖，很有精神。结实的体魄，站在那里，就像一棵挺拔的树。跟所有喜欢武术的年轻人一样，走路时喜欢手舞足蹈，有意思极了。于是便有人对我说，文明华太像你的学生了。说话者的意思是，我走路也常常是手舞足蹈的。

大二时，我担任文明华他们班上的武术普修课老师。也许是痴迷武术的原因，文明华上课非常认真，课后也很喜欢跟我交流。对于特别上进的学生，我是非常欣赏的，于是，他成了我这里的常客。我组织什么活动，他都积极参加。我有什么事情委派给他做，他总是一丝不苟，让我特别放心。他有什么需要我帮助的，我也会尽力而为。武术普修课只有一个学期，学期结束后，我们的交往却日益频繁。虽然我是老师，他是学生，但在我心里，我们早已是志同道合的朋友。有时候，我甚至开玩笑地喊他“文老师”。在一起的时候，我们谈得最多的还是武术，从传统武术到现代武术，从中国功夫到美国拳击，从散打王争霸赛到中国功夫之星电视大奖赛，我们可以一谈就是几个小时。

他总是那么富有热情，那么精力充沛，那么阳光灿烂！

有一次，我曾经笑着问他：每天都看到你这么高高兴兴的，你就没有什么苦恼的事情吗？他依旧是那么爽朗地一笑说，怎么会没有呢，只是我不把它放在心里罢了，因为苦恼是没有用的。

从泽家湖吃完饭回来，他告诉我，他当年考大学的目标并不是吉首大学，而是武汉体育学院。因为专业考试时不小心摔了一跤，最后以一分之差遗憾地与武汉体院失之交臂。但他并没有因此而有太多失落和抱怨的情绪。原本准备再考一次的他，发现吉首大学远比想象得要好，于是重新着手绘制自己人生的蓝图。

从大一开始，文明华就坚定一个目标，那就是考研。凭着自己的刻

苦努力，他的学习成绩门门优秀，而且顺利地考过了英语四级。2007年1月，他胸有成竹地走进了全国研究生招生考试初试考场。4月，他以初试成绩超过国家线数十分进入广州体院研究生复试名单，在复试中，又夺得民族传统体育专业理论考试第一名。

正在发展中的吉首大学，位于湖南西部贫困地区，并不是什么名牌大学，但却培养出了不少名牌学生。我想，只要继续努力，文明华也将是这些名牌学生中的一个。

文明华的博客叫人生奋斗站。抱怨无法改变现状，拼搏才能带来希望。真的金子，只要自己不把自己埋没，只要一心想着闪光，就总有闪光的那一天！

成功是没有任何捷径可走的。哪怕是世界一流大学的学生，也只有付出艰苦卓绝的努力，才有望登上成功的峰顶。

08　让每一天都因努力而精彩

中午逛书店，看到一本书——《哈佛凌晨四点半》。

书上说，在哈佛大学，每天凌晨四点半钟，偌大的图书馆便座无虚席……

现在借哈佛之名做书的太多了，有的纯粹就是瞎编。甚至时下流行的一些所谓的“哈佛校训”，也大多是那些做励志书的人杜撰出来的，可居然以假乱真，有的还非常畅销。所以我对这些书一般是“鄙视”的。

我没有细看《哈佛凌晨四点半》这本书，对于它的好坏，我不能妄加判断。但我相信一个基本的事实，就是哈佛大学的学生都非常刻苦，哈佛大学的学习氛围非常好。这也是这所世界一流大学的真正魅力所在。

凌晨四点半，图书馆便坐座无虚席，校园里的其他地方也举目皆是晨起诵读或自习的学生。想想看，这是一番多么动人的景象啊！

成功是没有任何捷径可走的。哪怕是世界一流大学的学生，也只有付出艰苦卓绝的努力，才有望登上成功的峰顶。

“让每一刻都因充实而美丽，让每一天都因努力而精彩！”谨以这句话与大家共勉！

第七章

放下犹豫——立即行动，成功无限

认准了的事情，不要优柔寡断；选准了一个方向，就只管上路，不要回头。机遇就像闪电，只有快速果断才能将它捕获。

立即行动是所有成功人士共同的特质。如果你有什么好的想法，那就立即行动吧；如果你遇到了一个好的机遇，那就立即抓住吧。立即行动，成功无限！

有些人是必须忘记的，有些事是用来反省的，有些东西是不能不清理的。该放手时就放手，你才可以腾出手来，抓住原本属于你的快乐和幸福！

有些事情是不容等待的，一时的犹豫，留下的将是永远的遗憾！

01 犹豫，留下永远的遗憾

敏星老师是我小学和初中的班主任、语文老师，也应该算是我文学写作上的启蒙老师。至今清晰地记得第一次见到敏星老师的情景：五年级第一学期开学报到那天，我们在二楼的走廊上交学费，来了一位个子不高、面目清秀的新老师，他和蔼地微笑着，跟正在收费的肖老师打招呼："肖老师，辛苦了！"一口清脆而标准的普通话，立刻把我们都怔住了。在我们这所偏僻的清一色的民办老师当家的乡村小学，方言俚语就是我们的普通话，说一口正宗普通话的敏星老师，无疑是我们眼中的天外来客。这可是我们第一次听到广播喇叭和电影屏幕外的人物讲普通话啊，为此，我们兴奋地议论了许多天。很巧的是，这位第一天报到就赢得了我们的爱戴和崇拜的新老师，担任了我们五年级的班主任兼语文老师。刚从师范毕业的敏星老师，房间里有很多书，还有一把琴。因为当副班长的缘故，我能常常去他的房间开会或者仅仅是玩。这成了那时候我的一件无比荣耀和幸福的事情。从敏星老师那里，我知道了一些以前闻所未闻的课外读物，知道了阅读和摘抄对于写作的重要性，也知道了外面世界的许多新奇有趣的东西。由于我成绩好，又听话，并对作文很感兴趣，或许还有着乡野顽童稚拙的可爱，敏星老师很喜欢我，放学时还常常邀我一道回家。他的家在沙江街上，我的家则在河对岸的张家台

上，我们从学校回家，有一段共同的路，就是那条长长的河堤。基本上每天放学的时候，敏星老师都要我等他一起走。如果我要打扫卫生，他也会像等老朋友一样地等我。他习惯提一只在当时的乡下很是时髦的铁皮桶子。碰到他带的东西多，我就主动帮他提桶子。在路上，我们会边走边谈，他也不太把我当小孩，除了谈论学习上的事情，也跟我谈生活，谈人生奋斗。有一次，他还骄傲地提到他在沙江小学教过的一位后来得过全国物理竞赛大奖，并已经考上重点大学的高材生，说那孩子上小学时还跟他睡在一块儿呢，我知道，敏星老师跟我讲这些，就是要我向那位大哥哥学习，将来也考上重点大学，成为他新的自豪。我想，当年我跟敏星老师来来回回一起走过数百次的那段回家的路，无疑是我小学时代一段最甜美的回忆了。

上初中后，敏星老师也调离了新加小学，去了离我们比较远的一所小学任教，之后的两年里，我再也没见到他。后来我因眼病休学，返校后重读初二，没想到我们的新班主任老师又是敏星老师，他刚从小学调到我所在的鹅塘中学来任教。天下竟有这么巧的事情，我真是非常非常的开心。他依旧很信任和器重我，让我当班长兼体育委员。可以说，在他担任班主任的鹅塘中学85班，我迎来了我学习生涯中最辉煌的时期。三好学生、优秀干部，几乎每期必评，最让我感到骄傲的是，我还得过全年级的第一名。那时候，觉得学习真是一种难得的乐趣，在学校寄宿时，即使停电，我们仍要在学校统一配备的煤油灯下看书看到深夜。因为工作紧张，敏星老师不常回家，我在跑了一个学期的通宿后，也抵挡不住寄宿的诱惑，住到寝室里了。我跟敏星老师不再有同路之缘，但我仍然是他办公室的常客。在他办公室开会，跟他谈心，偶尔也当当他工作上的助手。不过，他也狠狠地批评过我一次，因为我的早恋。在20世纪80年代的中学校园，早恋现象是相当严重的违纪问题，发现一对，就要开除一对。我们那一年级，总共五个班，便一次性开除过四对。处分结果，是校长在早操时间宣布的。我和她的关系，几乎发展到众人皆知，但却“幸免于难”，我估计是由于敏星老师的力保。如果不是在敏星老师班，我们能逃脱被开除的命运吗？结果是肯定没有我的今天，早就回家结婚生子了！不过，敏星老师背地里却没有轻易放过我，跟我讲了很多很多道理，还在班里不指名地狠狠地训了我一顿。我知道他是为了我们好，但心里还是有一股强烈的抵抗情绪。而且，我最终也没有听他的话，表面上偃旗息鼓，却把“地下活动”开展得轰轰烈烈，为我高中阶段的彻底“堕落”埋下了伏笔。初中毕业时，敏星老师把我叫到他的房间，语重心长地交代了许多，并就那次批评我的事情郑重道歉。他说：“那次批评你，也是为你们的前途着想。其实恋爱也没什么错，只是太早了容易分心。如果将来你们都考上了大学，这份情感还在，我是绝对不会反对的，说不定还会给你们牵红线呢！”多知心的话，多好的老师啊！

接下来的日子，我上高中了，半年后开始了我永远不堪回首的残酷青春。敏星老师也厄运连连。因为夫妻感情不和，离婚后找了一位学生结婚，社会舆论将他一下子打入十八层地狱。迫于压力，他被流放到山里一所最偏僻的学校教书。因为他书教得好，几年后又调回来，被安排

在一所有名的乡镇中学教书。其时我已在湖南师大读书了。我给他写过一封信，他很高兴，很快就回了，潇洒的字迹犹能体现他当年的风采。大学毕业时，又给他写过一封信，用的是师大的毕业纪念信封，可却因为一时耽搁，便一直都没有寄给他，以至成了一封从未寄出的信。参加工作后，离家远了，总想去看看他，却总是想想而已，难以成行。敏星老师所在的学校离我二姐家不远，他便偶尔向我二姐打听我的情况，有一次还要了我的电话，是他一位亲戚考大学，想找我帮忙联系一下录取的事情，我当时在北京，接了电话却无能为力，很是抱歉，辜负了他的一番信任。

跟敏星老师的最后一次见面，是 2003 年 10 月，我在家乡举行签名售书活动，他听到消息，兴致勃勃地找来，邀请我去他家做客。我去了，看到的是一个比我想象的还要简陋的家。两个单间，里面是卧室，外面是餐厅，没有一件像样的家具，看了真令人心酸。师母没有工作，就在学校卖点饭菜。敏星老师脸色惨白，眼窝深陷，说话明显乏力，深谈后才知道他刚动了肾结石手术。

在我眼里，敏星老师什么都好，就是身体不好。从我在初中读书时开始，他就没有离开过药罐子。但 2005 年 6 月 19 日，我在长沙接到表弟打来的电话，说敏星老师去世了时，我还是觉得这个消息来得太突然了，太早了。他才 49 岁，老天应该多给他预留些时间，因为，他一定还有太多的事情没做，太多的愿望没有完成。

自从那次跟敏星老师见面后，我就有个愿望，等我日子过好了，一定好好地帮助一下他，也算是一个学生对恩师的回报吧。可老天竟不肯给我这个机会。

人生，有些事情是不容等待的，一时的犹豫，留下的是永远的遗憾！

有些人是必须忘记的，有些事是用来反省的，有些东西是不能不清理的。该放手时就放手，你才可以腾出手来，抓住原本属于你的快乐和幸福！

02 该放手时就放手

经常有人向我诉苦，好不容易找到一个自己喜欢的人，可是在相恋多年以后，对方却突然另有所爱，问我到底该怎么办。我总是这样对他们说：不管他曾经是多么爱你，而现在不爱了，你就应该彻底放弃。

恋爱是两个人的事情，再怎么一相情愿都是没有用的。我在前面的文章中已经说过，恋爱就像两个人拔河，只要一方放手了，另一方再怎么固执地抓着绳子都没用，只有自己也及早放手，才能避免摔得过重。

我有一位朋友，师范毕业后，在南方一所小学当教师。在一次诗歌聚会上，他认识了一个漂亮、清纯的女孩。适逢恋爱的季节，他驿动的心，很快就被另一颗心深深地吸引。那时，女孩刚刚高中毕业，正在等待高考的结果。不久，她便收到了北京某大学的录取通知书。因为距离的关系，刚刚破土萌芽的爱情，很快面临夭折。尽管他一再努力地争取，女孩还是渐渐冷落了他。他不甘心寄寓着自己无限憧憬的初恋就这样无

言地结局，便请了假，风尘仆仆地赶往北京。坐了几十个小时的汽车、火车，他终于见到了久违她，然而，他滚烫的心，却在瞬间陷入冰窖——她是带着她的男朋友来与他见面的。回家后，他度过了一段堪称人生中最黯淡的时光，但最终在母亲的劝慰下，选择了积极地面对现实，并立志考上中国最好的大学的研究生。后来，他终于如愿以偿，考上了心仪已久的北京大学，从硕士读到博士，继而成为北京某名牌大学的教授。

由此可见，在面对已然无望的爱情时，适时地放手是多么重要。而且，岂止是无望的爱情呢，面对其他任何你再怎么努力也无法得到的东西，我想都应该洒脱地做出如是选择。

在我们漫长的人生旅途中，有些人是必须忘记的，有些事是用来反省的，有些东西是不能不清理的。该放手时就放手，你才可以腾出手来，抓住原本属于你的快乐和幸福！

立即行动是所有成功人士共同的特质。如果你有什么好的想法，那就立即行动吧；如果你遇到了一个好的机遇，那就立即抓住吧。立即行动，成功无限！

03 立即行动，成功无限

2003 年，我在俞敏洪的北京新东方学校学习英语。有一天下课时，

无意间看到教室外面的宣传栏里有一则“新东方十年”征文启事，奖金高得比较诱人：一等奖3 000元，二等奖1 000元，三等奖500元，这个启事一下子引起了我的兴趣。我想，凭我的实力，只要好好写，拿个一等奖应该是没问题的。但一看截稿日期，我又信心不足了，因为我只有一天的时间来准备，而且只能用业余时间准备。不过我还是决定试一试，不能拿一等奖，拿个二等奖也不错啊。晚上一回家，我就开始了稿件的构思。第二天一早，我从床上爬起来，便铺开稿纸写下了文章的题目：《感受阳光》。温暖的阳光透过大大的窗口，投射在我的写字台上，我文思如泉涌，在两个小时内完成了一篇近3 000字的文章，而且基本上没做什么修改。接下来，我又准备了两首诗歌参赛。中午，我立即把稿子用特快专递寄了过去。大概两个月后，我接到新东方学校总部打来的电话，告诉我，我的文章分别获得了一等奖和二等奖。当我拿到价值4 000元的听课证时，真是太高兴了。我收获了立即行动带给我的成功的快乐。

世界著名酒店大亨希尔顿，年轻时只是个做小生意的人。有一天，他谈生意失败，懊丧地去一家小旅店，准备好好睡一觉。没想到，旅店早已客满。老板正在不耐烦地将源源不断的客人打发走，还不停地埋怨说，这个该死的小旅馆，赚钱不多却累死人，害得他想去开油田多挣点钱都不行。希尔顿忙问老板，如果有人愿意买你的旅馆，你愿意卖吗？老板说，只要谁愿意出5万美元，我把这里的东西全都给他。就这样，已然看到商机的希尔顿毫不犹豫地买下了这个旅馆。后来，希尔顿不断扩大旅店的规模，成了全美最大的旅店老板。

如果你有时间去调查全球范围内的成功人士，我想你一定会得出一个这样的结论，立即行动是所有成功人士共同的特质。如果你有什么好

的想法，那就立即行动吧；如果你遇到了一个好的机遇，那就立即抓住吧。立即行动，成功无限！

爱情，有时是一扇虚掩的门，勇敢者，轻轻地推开就进去了；怯懦者，在门外徘徊又徘徊，最终错过一份原本属于自己的美丽。

04　都是犹豫惹的祸

我有一位朋友，学问很高，却不善于表达，在爱情上尤其如此。

他在北京读研究生的时候，有个不错的女孩经常来找他。他对她的印象很不错，但却不知道女孩是喜欢他，还是不喜欢他。因为他也常见到她跟一个男生去食堂吃饭。

他们一直就这么来往着，彼此保持着一定的距离。

要毕业了，女孩去他的宿舍，说是要毕业了，想跟他好好谈谈。

女孩问他，我是留在北京好呢，还是回家乡，去父母身边工作？

他说，如果考虑到发展前途的话，北京应该好一点。

她点点头，沉思良久说，可是北京这么大，我一个人，有时候很孤单，也很无助。

他很想告诉她，他爱她，她如果留在北京，他一定会好好照顾她，呵护她。但他最后什么也没说出来。他怕她已经有男朋友了，自己说了会有损面子。

女孩最后还是选择了留下来，而且很快就结了婚。跟她结婚的，就是那个经常给她打饭的男生。

在几年后的一次同学聚会上，她又见到了仍然孤身一人的他。

她问，你这么优秀，怎么还没有结婚呢?

他自嘲地笑笑说，没人喜欢啊。

她说，怎么可能呢?你不知道，我当初就偷偷地爱过你，可是你太高傲，从来就没有任何表示。

他把眼睛瞪得大大的，一时不知道该说什么好。

原来，她是在心里爱过他的。而另一个人，当时也一直都在追她。毕业前夕，她去他的宿舍，就是去向他暗示，打探他的想法。最后，她却没有得到自己想要的答案，便接受了那个一直在追她的男孩。

爱情，有时是一扇虚掩的门，勇敢者，轻轻地推开就进去了；怯懦者，在门外徘徊又徘徊，最终错过一份原本属于自己的美丽。

在人生的很多关键时刻，当机立断是多么重要!

05 当机立断

那时候，我的老家有一位靠捉蛇为生的人，他一生捉过的蛇，可谓不计其数。据说他是学了“蛇水”的，所以，再毒的蛇在他面前也只能束手就擒。我们全村人都很佩服他。

可是，“蛇水”也有失灵的时候。有一次，在捉一条五步蛇时，他不小心被蛇咬到了虎口。听老一辈说，在我们那里，五步蛇是最毒的蛇，被五步蛇咬了，走不到五步，就会一命呜呼。

怎么办呢？回去搞药是不可能的了。捉蛇者拿出随身携带的柴刀，一咬牙就把自己的左手砍掉了。然后，右手紧紧握住左手臂，拼命地往医院跑。那一瞬间当机立断的决定，终于挽救了他的性命。

后来，我又在北京的报纸上，读到过一则断臂求生的故事，同样为之震惊，感叹良久——

美国有一个叫罗尔斯顿的青年，酷爱登山。有一回，他独自一人在犹他州东部攀登狭窄的峡谷时，一块数百斤重的巨石突然滚动了一下，压住了他正伸进岩缝探路的右臂。在呼救无用、借用绳子和锚脱身均告失败后，他一咬牙，毅然用随身携带的小刀把右臂从肘部割断，然后，忍痛为断臂缠上止血带，再顺着绳子爬下 18 米深的峡谷。他在峡谷里坚持走了 8 公里，终于遇到两位旅游者，在两位旅游者的帮助下，引起在空中盘旋的直升机的注意，最后得以送往医院救治。参与救助的直升机上的警官接受记者采访时说，因为他遇险的地方太偏远，如果不把手臂砍断的话，很可能已经丧命。他虽然失去了一只手臂，但仍然是令人惊奇的胜利者。

由此可见，在人生的很多关键时刻，当机立断是多么重要！

别人都会做的事情，你做好了，没有什么了不起的。

别人不会做或会做却没有做的事情，你做好了，就会令人刮目相看。

06 敢想敢做，出奇制胜

很多时候，我们就要敢想敢做，出奇制胜。

1999年，我第一次带武术队出征湖南省大学生运动会，在对练项目上我是颇费了一番巧思的。最后，根本不被外界看好的我校武术队，竟取得了两金四银六铜的好成绩。其中有一块金牌，我感到分量特别重，那就是我们的板凳对练。在湖南省乃至全国的大运会历史上，从来也没有运动员以板凳为器械进行对练的。因此，当我们的女队练队员拿着板凳进场的时候，大家都觉得惊异。比赛开始后，全体裁判和观众，都被我们气势非凡的现场表现所折服，最后，我们队以无可争议的得分夺得冠军。接下来的男子对练，虽然因为一个小失误与金牌失之交臂，但也获得了一枚宝贵的铜牌。其实，我们的队员武术基本功并不是一流的，有的从开始接触武术到参加比赛，中间的训练时间还不到半年。训练半年的队员竟拿了冠军，完全是“敢想敢做，出奇制胜”的结果。

2006年，我又一次带队出征大运会。对练项目，从器材的选定到动作的构思，我们再一次大胆“逾矩”。这次的器材，我们选择了农家常用的扁担。扁担可以当棍子使，但棍子对练大家司空见惯，而扁担对练，给大家的感觉则是新奇而有趣的。比赛结果，我们再一次“出奇制胜”。

其实，我们生活中所能见到的许多大大小小的成功，也都是出奇制胜的。很多人画过猫头鹰，但黄永玉大师的猫头鹰却与众不同：睁一只眼闭一只眼，构思新颖而寓意深刻，堪称画中经典。所以，我们要想有一个出色的人生，就不要事事循规蹈矩，要善于突破惯性思维的束缚。只会随大流，别人做什么，你也做什么，别人怎么做，你也怎么做，是很难取得突破和成功的。

别人都会做的事情，你做好了，没有什么了不起的。

别人不会做或会做却没有做的事情，你做好了，就会令人刮目相看。

为了“制胜”而“出奇”，是一种智慧，一种高明的策略。

大胆地构思，果断地行动，是一种素质，一种成功的资本。

所谓“出奇”，就是“不正常”，就是“不走寻常路”。有时候，你真的有必要做一个“不正常”的人。大胆构思，果断行动，就是敢于创新，不徘徊，不犹豫。唯有大胆构思，才能新意迭出；唯有行动果断，才能抓住机遇，获得成功！

第八章

放下狭隘——心宽，天地就宽

宽容是一种美德。宽容别人，其实也是给自己的心灵让路。只有在宽容的世界里，人，才能奏出和谐的生命之歌！

要想没有偏见，就要创造一个宽容的社会。要想根除偏见，就要首先根除狭隘的思想。只有远离偏见，才有人与内心的和谐、人与人的和谐、人与社会的和谐。

我们不但要自己快乐，还要把自己的快乐分享给朋友、家人甚至素不相识的陌生人。因为分享快乐本身就是一种快乐，一种更高境界的快乐。

宽容是一种美德。宽容别人，其实也是给自己的心灵让路。只有在宽容的世界里，人，才能奏出和谐的生命之歌！

01　学会宽容

小学时，我跟一位女同学打过一架。

记忆中，她的眼睛很大，很亮；留一挂清纯的齐耳短发。在我看来，她是漂亮的，尽管两颗大门牙颇有点儿外突，可不但无损于她的漂亮，反倒增添了她的特色。

有很长一段时间，她都同我一组，就坐在我前面。

我喜欢跟她讲话，跟她开玩笑，时不时还拨弄一下她的头发，当然，绝没有那个意思，那时候我还不满10岁哩！

在我们农村小学，那时的女孩很保守，对男孩子不怎么友善，有时还怀有一丝“敌意”。或许，她们已略略懂得了一点男女之间的事儿，有意疏远男同学，是一种特殊的心理因素使然。这位女同学当然也不会例外。每次我没话找话跟她纠缠，她不是横眉竖目，就是用手指甲狠狠抓我——对了，她的手指甲好长好长，提到这，我至今还心有余悸呢。

一堂语文课上，我们学习了魏巍的《再见了，亲人》那一课。课文写的是抗美援朝战争胜利后，志愿军叔叔离朝返国时，热情的朝鲜人民与他们依依惜别的情景。有位叫“小金花”的小女孩，见志愿军叔叔要走，忍不住伤心地哭了。这时，文中出现了这么一句：“小金花，不要哭了，再给我唱个捣米谣吧！”这一句，使我立刻想到我前座那位名字与“小金花”谐音的女同学，不禁窃喜。一下课，我就嬉皮笑脸冲着她嚷：“小金花，不要哭了，再给我唱个捣米谣吧！”大概是这一次，她的“利爪”在我的手背上抓出了一条长长的血痕。哎呀，流血了！我顿时怒不可遏，挥拳就打。她也不甘示弱，咬牙切齿地乱抓。我揪紧她的头发，连推带搡，逼到墙边，把她的头往墙上猛撞。就在这时，她的“救星”从天而降——班主任老师突然冲了进来。双方松手后，刚才只顾招架而顾不上哭的她，“哇”的一声，倒地就是十八滚。老师没问青红皂白，将我劈头盖脸痛斥了一顿，让我弯腰罚站，然后便去拉她、哄她。

我俩从此谁也不理谁。

四年级时，我们就不在一班了。她留了级。后来，我们又在同一所初中就读，虽不是同一年级，但课余也会偶尔相遇。几年时光，我俩的变化都很大。我开始长那潇洒的胡须，她也出落成了一个动人的青春少女。每次相遇，两人目光轻轻一碰，继而又不好意思地把头扭向一边。也许那一刻，我们都不约而同地想起了小学时的那一幕。那段日子，我很想对她说声对不起，但始终提不起勇气来；她也可能早已默默地原谅了我，却也始终不敢露出那一丝宽容的微笑。

初中毕业后，基本上没有了她的消息。不料高考前夕，我班一位同

学突然提到她，说她是他的亲戚，他在她家里玩时，她还问起过我呢。看来“不打不相识”，打过一架，记忆倒更深刻。不过，说真的，随着年龄的增长，阅历的加深，我的内疚感就越重。我觉得，茫茫人海，你我他能够同窗共读实属难得。当我们白发苍苍的时候，同学之间如若有幸再度聚首，共话当年，那该有多么亲切，多么激动人心！可是，在我们的少年时代，我竟粗暴地伤害过一位亲爱的同学，以至于生活在一个集体里而形同陌路！这不知有多么遗憾！

我常常想，如果，当初我们都不是那么斤斤计较；如果，我们从小时候就开始懂得了珍惜，学会了宽容，这一切的不愉快，都不会发生。

真的，宽容是一种美德。宽容别人，其实也是给自己的心灵让路。只有在宽容的世界里，人，才能奏出和谐的生命之歌！

当忍则忍，当让则让，这无疑也是快乐人生的准则啊！

02　心宽，天地就宽

一位女孩，在网吧上网的时候，与旁边的另一个女孩发生口角。女孩的男友正好在场，抬手就给对方一记耳光。对方哭着跑出去，很快就把自己的男友叫来了。那女孩的男友是在社会上混的，他带来一把大砍刀，几刀就把那一对恋人砍成重伤。原本可以轻易化解的一场小小的口角，却因两位不理智的男人的加盟而酿成大祸。结果是，一方换来皮肉之苦，一方得来牢狱之灾。

这件事情，让我想起“六尺巷”的故事。据说清代中期，当朝宰相张英与一位姓叶的侍郎都是安徽桐城人。两家毗邻而居，都要起房造屋，为争地皮，发生了争执。张老夫人便修书京城，要张英出面干预。这位宰相到底见识不凡，看罢来信，立即做诗劝导老夫人：“千里家书只为墙，让他三尺又何妨？万里长城今犹在，不见当年秦始皇。”张母见书明理，立即把墙主动退后三尺；叶家见此情景，深感惭愧，也马上把墙让后三尺。这样，张叶两家的院墙之间，就形成了六尺宽的巷道，成了有名的“六尺巷”。事情就是这样：争一争，行不通；让一让，六尺巷。

有一道脑筋急转弯的题目：飞机在高空中盘旋，目标紧紧咬住装载紧急救援物资的卡车，就在这危急时刻，前面出现了一个桥洞，且洞口低于车高几厘米，问卡车如何巧妙地穿过桥洞。答案是：给车胎放掉一部分气。

我非常欣赏这样一句话：“退一步，风平浪静；让三分，海阔天空。”我也非常喜欢我父亲常常挂在嘴边教育我们的一句名言：“忍得一时之气，免得百日之忧！”——当忍则忍，当让则让，这无疑也是快乐人生的准则啊！

不管缘深缘浅，不管生活怎么改变，都要以一种平静而温柔的心情，去想念曾经走过你心上的朋友，并坦然地祝福他们。

03　惜缘

一对少年时代的好友，一个上了名牌大学，一个高考落榜后在深圳打工。开始两个人还常常通信，后来通信渐少，再后来就没有了联系。

很多年过去了。读大学的功成名就，成了一家企业的老总，打工的继续打工，过着艰苦异常的生活。有一天，打工的无意中得到了那位当老总的朋友的电话，兴奋地拨过去。电话接通了，但电话那边说话的语气，冰冷而陌生，令他难以接受。而且，当老总的朋友也许正忙，应酬似的客套几句，便把电话挂了。打工的从磁卡电话机上取出卡来，站在灯火辉煌的城市街头，一颗心都凉透了。失落和感慨之余，他觉得时间冲淡了一切，他们的友谊已经不复存在。他严重失衡的心里甚至生出一种似有似无的恨。

其实，这是大可不必的。人生在世，因为有缘，总会不断地认识一些朋友。不管是陪你的人生走一程的友人，还是一生一世的知音，都值得在心中永远地珍惜。

生活是像水一样流动着的，我们身边的许多朋友，聚过之后，又一一散去。这样的友谊，必须以平和的心态去面对。不管缘深缘浅，不管生活怎么改变，都要以一种平静而温柔的心情，去想念曾经走过你心上的朋友，并坦然地祝福他们。否则，只能使原本很美好的关于友谊的记忆，成为心灵深处无情的伤害。

给爱情留白，是一种美好的操守，更是一种境界的体现。

04 爱情留白

虽说爱情是文学永恒的主题之一，但至今为止，我还没有在我的任何一篇作品中诉说过我的爱情，也没有打算将任何一份爱情以语言或文字的形式公之于世，这倒不是因为在我落笔写这篇短文之前，我苦心经营的爱情均以失败告终，而没有勇气再次去啜饮那份难言的苦涩，或是作为一个过去爱情的彻底失败者，我会在读者面前显得难堪。之所以这样做，我觉得这是不需要理由的。如果硬要我为自己寻找一个理由，那么，我想唯一的理由就是，任何一份爱情，不管是成功的，还是失败的，都是隐私，是我和她之间共守的一个秘密，妥善地保守这份隐私和秘密，是对她的尊重，对自己的尊重，更是对爱情的尊重。尤其对于失败的爱情，我们更不能随意地拿来作为我们絮絮叨叨向人倾诉的话题。原因是倘若真的爱过，对于当事人而言，失败的爱情仍然具有永恒的价值和尊严。任何一个不庄重的行为都是对纯洁爱情的亵渎。

我无意否定爱情是文学永恒的主题，也当然不会拒绝用笔去书写伟大永恒的爱情。但我乐意与大家分享的是爱的感受，而不是爱情本身。津津乐道于自己私密而在爱情面前缺乏应有的尊重的作家，绝对不可能成为一个伟大的作家。

给爱情留白，是一种美好的操守，更是一种境界的体现。

不管对方出于什么原因欺骗了我，最后我都选择了原谅。因为原谅别人，就是善待自己！

05　原谅别人，就是善待自己

我有一位“朋友”，叫胡北，辽宁人，陕西某民办学院新闻系毕业。2002 年，她在《女友》杂志社实习，读到我投过去的几篇稿子，觉得不错，便给我发来短信。就这样，我们成了“朋友”。但直到 2004 年她大学毕业去青岛谋职，我们都未曾见面。

2005 年 4 月的一天，胡北突然哭着从青岛给我打来电话，说跟她一起去青岛求职的朋友住院了，交不起医疗费，向我借 1 000 元解燃眉之急。助人于危难之中，是一个人应该具备的美德，我答应了。之后她又发来短信，说还要 3 000 元，并保证从 10 月份开始，每月还我 500 元。我非常相信她，又立即给她汇去 3 000 元。把钱汇去之前，我也想过这是否是一个骗局，毕竟我们是没有见过面的。但我又想，如果情况是真的，我就会因这个担心而使她的朋友错过最好的治疗机会；如果真的是个骗局，那就花钱买个教训吧。

10月份很快就到了，胡北却还没有任何还钱的音信。我想到她或许尚有难处，也就没有催她。到了年底，她还是没有还钱，连一句话都没有。刚好我急需钱用，便给她打电话，委婉地说到钱的事。她吃惊地问："什么？不是给你打过去了吗？"我听了顿觉莫名其妙，告诉她，我没有收到她的钱。她坚持说她同学的父亲给我把钱打过来了。我立即去银行查了一下这几个月的入账记录，根本就没有这么一笔钱打过来。于是，我怀疑自己被骗了，便继续给她打电话。她仍然坚持说她同学的爸爸已经还钱了，她不相信她同学和她同学的爸爸欺骗她。她甚至流露出我收到了还款不认账的言外之意。这可把我惹恼火了，没想到这世上还真有这么无赖之人。我言辞激烈地说了她一顿，她又哭了，表示不管她同学的爸爸还没还，她都自认倒霉，会慢慢地把钱还给我。我再一次相信了她。但之后她要么关机，要么不接我电话。再后来，我的手机丢失，没有了她的电话号码，再也联系不上她了。直到现在，两年过去了，我也没见她还给我一分钱。

因为这件事，那段时间，我心里难受得很。总觉得别人用无耻的手段亵渎了我的善良和爱心。本来不想告诉任何人，但还是跟我的朋友说了。他笑着问我："你当初借钱给她，有没有想过会借丢呢？"我说："当然想过。"他说："既然想过，但你还是借给了她，说明你并不在乎这个

钱还不还。现在她不还了，你又何必难受呢？”我说我最痛心的是，自己做了好事，别人却用“诬蔑”来感谢我。他又给我讲了一个他自己的故事。有一年，他屋后的山上起火了，他跑上去扑火，结果那一片山林的主人却硬说是他放的火。这个让我听了哭笑不得的故事，立刻平和了我的心态。的确，世界上有很多事情是讲不清道理的，除了选择忽略，此外毫无办法。丢钱了，本来就是一个损失。如果再让丢钱这件事影响到自己的心情，那就是双倍的损失了。

不管对方是出于什么原因欺骗了我，最后我都选择了原谅。因为原谅别人，就是善待自己！

一个弯腰的姿势，是一种特殊的语言，无声胜有声，唤醒心中的春天。

06　弯腰的姿势

多年前的一个春日，在湖南师范大学读书的我，因为创办文学社，与同学一同去拜访德高望重的戴海老师。戴海老师是学校的党委副书记，但在我们学校，几乎没有一个学生叫他书记的，都亲切地称他为“戴海老师”。戴海老师也非常乐意接受学生送给他的这个“平民化”的称呼，总是笑眯眯地答应着，声音像春风一样轻柔。电话预约后，正在忙于《秋林拾叶》一书写作的戴海老师，热情地接待了我们的拜访。告别之际，他送到门外，朝我们深深地鞠了一躬。戴海老师的这一鞠躬，确实太出乎我们的意料，也令我们感动至深，至今难忘。

一个弯腰的姿势，让我们看到了什么是真正的长者风范。

有位记者，采访吉首大学图书馆馆长郑英杰教授。采访完毕，尚有腿疾在身的郑馆长坚持把记者送出图书馆的大门。临出门前，记者注意到，馆长突然停下来，吃力地弯下腰去。原来，郑馆长发现，干净宽敞的图书馆大厅地面上，不知道是谁不小心掉了一团纸屑。他弯腰把纸屑拾起，轻轻放进垃圾箱里。馆长捡纸屑的一连串动作，有点迟缓，但在记者的眼中，很美、很潇洒。

一个弯腰的姿势，是美德划出的一道优雅的弧线。

在学校，我上体育生的专业课。上午的上课时间是八点，学生们也许是起得晚的缘故，总喜欢手里拿着早点，边吃边匆匆地往上课的运动场上赶。那天，照例是我给他们上专业课，集合时，我发现一些学生随手把装早点的塑料袋塑料杯扔在旁边的空地上。注意环保、不乱扔垃圾是一个大学生理应具备的个人修养，我完全可以把他们严厉地批评一顿，再责令他们把地上的垃圾一一收拾干净，但我没有这样做。集合完毕，我让全体学生“稍息”站立。在他们的默默注视下，我弯腰把他们扔在地上的塑料袋和塑料杯一一拾起，送进旁边的垃圾箱，然后才开始上课。这堂课，我发现他们注视我的目光，饱含着赞赏和敬意。以后再上课时，类似的情况销声匿迹。

一个弯腰的姿势，是一种特殊的语言，无声胜有声，唤醒心中的春天。

“预习”死亡，就是提示自己，我们终将老去，一切终将过去，要学会爱和珍惜，学会感恩，学会宽容，学会看淡一些东西。

07　“预习”死亡

人对死亡的恐惧大抵是与生俱来的，而死亡就像人的影子，必将伴随短暂人生的全过程。

我对死亡的有意识的恐惧，最早发生在六岁左右，在这之前，我虽然也怕黑，怕鬼，怕传说中的红毛野人，但也许是因为无知者无畏吧，由于不知道真正的死究竟是怎么一回事，所以我们这帮小孩子，远远近近的丧事都爱去看个热闹，村里村外一有老人过世，我们就大声地叫着嚷着去捡鞭炮，吃“崩饭”，高兴得跟赶喜事儿没什么两样。晚上看道士给死者做“道场”，看得津津有味，看到子夜时分就能吃到一顿香喷喷的“半夜饭”，实在有意思极了。做完几天几夜的“道场”后，就是送葬。响铳开路，鼓乐齐鸣，送葬的队伍浩浩荡荡，好不壮观！我们总会不知疲倦地跟在那长长的送葬队伍后面，一直跟到坟场，直到看完棺材入土，才肯心满意足地回家。看多了这些，我们便也学着玩一些送葬的游戏，“死者”一般是一只死老鼠，或者是一只死蛤蟆。男孩子有的抬“棺材”，有的用瓦片做“八排锣鼓”敲敲打打，女孩子则一律哭哭啼啼，扮得跟真的一样。但大概是过了六岁，突然有一天，我就明白了死并不是像妈妈说的那样“睡着了”，而是永远地与这个世界告别，埋进土里腐烂了，从此，这个世界上就不再有这个人了，于是，我开始非常非常害怕死亡。记得有一段时间，我在大我几岁的堂兄“毛佗哥哥”家睡，因为他母亲很节俭，怕费煤油，我们一上床就得把灯盏吹熄。那是一个漆黑漆黑的夜晚，我莫名其妙地想到，人长大后就会变老，变老了就会死，死了就再也没有亲人没有伙伴了，只能一个人孤零零地躺在那墨黑墨黑的棺材里，一点一点地腐烂掉，想着想着，又害怕又难受，不由得伤心地哭了，泪水打湿了枕头。可我又不敢把睡得正香的“毛佗哥哥”叫醒，告诉他我为什么哭，我怕他笑我胆小，笑我懦弱。后来长大了点儿，上学了，大抵是因为好玩，又把死这件事给忘掉了。

十年后，我又亲身经历了一次真实的死亡体验，早已忘掉“死亡”的我，着着实实吓了一大跳。那时我在县城的补习学校复读，有一次感冒发烧，一个人去小诊所打吊针，医生为了多赚钱，置我的生死于不顾，在一瓶生理盐水里兑了十二支青霉素，结果出现严重的药物过敏反应，口干舌燥，浑身冒汗，心跳迅速加快。我慌了，连忙招呼护士小姐把医生叫来，医生不慌不忙地让护士小姐给我打了“解药”。打完“解药”后，护士小姐又给我倒来开水，要我多喝几杯，喝完了坐在那里不动，等没事了再走。这种激烈的过敏反应持续了将近一个小时，情况基本稳定下来后，我还是不敢走，生怕死神退到半路上又折回来把我掳了去。直到黄昏时分，我才无力地走出诊所，独自来到波涛翻滚的资江边，静静地坐到天黑。我第一次懂得，活着很难很难，死却是一件多么容易的事。

随着年龄的不断增长，曾经神秘的死便越来越司空见惯了，特别是高中和大学几位同学的非正常死亡，更让我感到死亡的不可预兆和如影相随。而在我老家，我所生活的那个村庄，人类的新陈代谢更是在我的眼皮底下如此清晰地发生着。我每年回去一两次，每次回去都会发现，又少了几张熟悉的面孔，多了几张陌生的面孔。当妈妈告诉我，某某爷爷、某某奶奶、某某伯伯、某某婶娘“老了”时，我再也不会像以前一样感到震惊了，取而代之的是大地般的平静。能有什么理由不平静呢？对于每个人，死都是迟早的事，生命，都是从无处来，向无处去，完成一个注定的轮回罢了。因此，生命之旅，其实就是死亡之旅；死亡之旅，其实就是回家之旅。是的，回家，死就是这么简单。

曾经在张海迪的《生命的追问》一书里，读到过一篇关于死亡的文章，题目叫《死是美丽的》。突然发现，自古以来令人恐惧、令人断肠、令人望而生畏的死，原来也可以这样温馨而美好。而在史铁生的笔下，死便成了生的一种默契：“现在我常有这样的感觉：死神就坐在门外的过道里，坐在幽暗处，在凡人看不到的地方，一夜一夜耐心地等着我，不知什么时候，它就会站起来，对我说：嘿，走吧。我想那必是不由分说。但不管是什么时候，我想我大概仍会觉得有些仓促，但不会犹豫，不会拖延。”面对死亡能有此等从容，也就活到一个很高的境界了。在他们那里，死不是生的终结，而是生的另一种延续。国学大师文怀沙更绝，他干脆把人生比作住了一回旅馆，吃饱了，喝足了，便可心满意足，笑而归去。何等豁达，何等超然！

人对死亡的态度，从某种意义上说，其实也是对生活的态度。从恐惧死亡，到接受死亡，再到平静地面对死亡，这一过程便是生命和思想走向成熟的渐进过程。一个能够平静地面对死亡的人，是绝对能够平静地面对生活中一切的，包括深深的坎坷，包括巨大的厄运，包括一切误解、一切冲突、一切纷争，因此，我常常想，如果我们都从很年轻的时候便开始“预习”死亡，我们一定会少很多困惑和苦闷，多很多快乐和坦然，一定会少很多冲突和纷争，多很多关爱和宽容。“预习”死亡，就是提示自己，我们终将老去，一切终将过去，要学会爱和珍惜，学会感恩，学会宽容，学会看淡一些东西。我坚信，在人生大限来临的时刻，也是人生最圣洁最接近完美的时刻。假使人们都能提前以终老时的人生态度对待人生，生命将会演绎得多么宁静，多么和谐，多么美丽！

人生，真的少不了那一份牵手的美丽啊！

08 没有爱就没有世界

上大学时，来自贫困农村的贫困家庭的我，发生“经济危机”是常有的事。

一天上午，收发室的黑板上终于出现了我的名字。领到汇款单一看，竟是在广东打工的永新兄寄来的一百元，心湖便渐渐地荡开了涟漪。

我与永新兄同一年进初中，但开始不在一班，并不相识。初二那年，我因眼病休学，复学后进入下一届就读；他呢，则由于成绩的原因，从上一年级降下来复读。这一次，命运把我俩安排在同一个班级。他讨厌学习，抽烟、懒散，成绩依旧拖尾巴。我勤奋些，成绩也好些，每次考试都是名列前茅。但我俩都对武术有着浓厚的兴趣，这便有了共同语言。两颗年少的心，很快就紧密地靠拢了。

我俩的个子是很不相称的，一高一矮，一大一小。可这并不妨碍我们之间的感情交流，一有机会我们便聚在一起，谈武术，谈那个“古老而又年轻”的神秘话题。当然，也免不了谈学习上的喜与忧，谈对未来前途的美妙构想。往往白天里没谈够，到晚上我们又悄悄地继续。有好多次，就寝铃响后，两个人还在唧唧喳喳讲个不停。我的话总是比他多，他常边听边津津有味地吞云吐雾。

那时候，我很想帮助他戒掉烟，克服懒散的坏习惯，搞好学习，他也曾做过一番努力，可惜没有成功——他与学习真是不共戴天。我于是就作罢了，因为升学并不是唯一的出路。

初中毕业，我上了高中，他回乡务农。自此，我为学业上下求索，他为生计四处奔波。所幸的是，岁岁年年，校园高高的围墙没能阻挡住我情感的延伸，复杂社会生活的滔滔巨浪，也没能冲刷去他最初的那一份忠诚。几年来，命运给我的打击不轻。诸多的不如意，几乎把我逼入人生的死角。而今天我仍能坚强地活着，顶风冒雨，满怀拼搏的豪情，纯真的友谊功不可没；在他为寻找谋生之路四面碰壁、忧心如焚的日子里，我也常不失时机地送去安慰、鼓励和祝福。虽然难得一聚，彼此牵紧的手，却不曾松开！

来大学读书后，他知道我经济拮据，一再表示要尽力帮助我。一个寄居异乡屋檐下的人，在家境也很贫困且面临着诸多现实问题的情况下，仍念念不忘资助自己的朋友，谁能不为这份至爱挚情深深感动？

冰心老人曾给一刊物题词："没有爱就没有世界。"这句强烈震撼过我的话，大学毕业多年后一直铭刻在心。是的，人生，真的少不了那一份牵手的美丽啊！

那些挂在圣诞树上的愿望，让我提前到达了春天！

09 圣诞树上的愿望

随着冬天第一场雪的降临，随着手机里的祝福如雪片般纷飞而至，圣诞老人又微笑着走上了寒冷但不失热闹的城市街头，那温暖的笑容，一如往昔的可爱与慈祥。

圣诞节的前一天，很冷，我瑟缩着身子，赶到位于市中心边城广场的家润多超市去购物。进了大厅，我一眼就看到了立在一楼入口处的那棵一人多高的圣诞树，青翠的圣诞树上，悬挂着许多小卡片和闪闪发光的彩灯，成为整个超市里最美妙的一处景致。顾客们三三两两地将圣诞树团团围住，面容舒展，目光虔诚，或观看，或谈笑，或议论，或提笔认真地在卡片上写着什么。

在路过这棵圣诞树旁的时候，由于职业的敏感，我也禁不住停下了脚步。根据我的感觉判断，我想这一定是一棵许愿树，那大小不一、形状各异的卡片上写着的，一定是奔走于滚滚红尘中的人们善良而美好的愿望。

伸出手去，随意地翻开一张心形的小卡片，一行稚拙的字迹出现在我的眼前："愿爸爸妈妈和好，不要再吵架了，好不好？"就像被电击一般，在一瞬间，我的心收得很紧很紧。这是一个多么小多么简单的愿望啊，但是它，使我的目光和心灵都受到了强烈的震撼。我仿佛看见一个小男孩，在充满快乐气氛的节日来临的时候，眼里含着深深的忧郁。父母的不和睦，给他小小的心灵留下了一片浓重的阴影，让他过早地失去了孩提的欢乐。他多么希望自己也能跟别人家的孩子一样，拥有一份宁静的幸福啊。孩子是这个世界上的天使，我想，圣诞老人一定会第一个帮助他的。

静立良久，我又翻开一张，是一个母亲写给她的儿子的："宝贝儿子，祝你快乐成长！爱你的妈妈。"看罢，一股爱的暖流，缓缓地漫过全身，有一种置身于春日阳光下的感觉。我想起了那首唱遍天下的《世上只有妈妈好》的歌。我想起了我那远在老家，年逾七旬至今深深牵挂着她的尚未成家的儿子的妈妈。这个世界上的母亲啊，一生中有着太多太多的愿望，却都不是为自己许的。她们温柔宽阔的胸怀里，永远都只有孩子，怎么长也长不大的孩子。好在我们的孩子大都继承了妈妈的美德，从小就懂得了爱和祝愿。“妈妈，我永远爱你！愿你每天健康快乐！爱女。”看了这个饱含着爱女真情的愿望，我想，全天下的母亲都会感到由衷的欣慰的。

我微笑着抬头，发现自己已被淹没在愿望的海洋里。“愿身边的人都开开心心，心想事成”；“愿我所有的朋友心想事成”；“愿关心我的及我关心的人，在新的一年里生活更美满如意”这些朴实无华的语言，因为承载着许愿者心底最真挚的愿望，而具有了沉甸甸的分量。“我希望我的朋友娟娟早点回来，不要去那么远的地方，我在这里好孤单。也祝我所有的朋友身体健康，永远 Happy”；“我亲爱的姐妹们，希望我们的友谊能天长地久。圣诞公公，请把我真挚的祝福送给我爱的和爱我的朋友，希望她们每天都有好心情，年年有今日，岁岁有今朝!”这样纯的姐妹之情，这样深的朋友之谊，多么可贵又多么美丽。这就是真正的友谊啊——不管近在咫尺还是远在天涯，总是把对方放在心上，每逢佳节来临的时刻，轻轻地放飞自己的祝福，默默地把对方想念。

有一位叫“妮”的女孩，在圣诞树上留下的是这样一个愿望：“请许愿树为我保佑——全家平安，身体健康，合家欢乐。且英语能过四级！

另外，我想说：亚平，我希望和你走得很远很远，一直到老。”为家人祝福，为自己和恋人祈愿，她的最后那句话深深打动了我。在这个所谓的爱情既能速成又常常速朽的年代，她依然追求永远，“一直到老”。懂得珍惜的人也懂得生活，女孩，我也祝你幸福！“我喜欢他，但我不知道这是否是正确的选择。请给我一点点帮助，好心的慈祥的圣诞老人我永远都会喜欢他——我的 Brother。我真的不计较公平不公平。”这个清纯如水的女孩，这个在爱情的门槛边苦闷徘徊的女孩，比很多曾经或者正在经历爱情的人也许更深地懂得爱的真谛。爱是奋不顾身的追求，爱是不求回报的付出。爱就是爱，永远不问是否公平。“海：当你微笑着离开时，我看到了所有的美丽！我也开始懂了，人生最重要的是：爱心/友谊/健康。祝所有的亲人和朋友都健康快乐！愿世界充满关爱！土豆鼠妹妹。”这里，离别却没有伤悲，分手却没有怨恨，只有对生命的深切感悟，只有爱的美丽升华，只有人生的大造化、大境界。

“愿新的一年每天都有好的心情，每天都有新的收获，心灵不再寂寞——给天下朋友。”这位朋友没有署名，但从字迹看，应该是一个小小男子汉。他许给“天下朋友”的美丽愿望，让我忍不住默念起海子的诗句：“给每一条河流每一座山取一个温暖的名字/陌生人，我也为你祝福/愿你有一个灿烂的前程/愿你有情人终成眷属/愿你在尘世获得幸福 ”让我不由得想起多年前在湖南师大读书时作家吴新宇先生写给我的 句话：“学会关怀，关怀自己，更关怀别人，关怀整个人类的命运和生存环境。”在所有的祝愿里，最让我感动的是这么简单的五个字：“愿世界和平”，字的下面，还画了一只展翅飞翔的和平鸽。它，道出了全世界千千万万热爱和平的人们共同的心声。圣诞老人，您听到了吗？

世间长存遗憾，愿望总是美的。看了这些愿望，我的心如海潮般激荡难平。总以为自己生活在一片爱心的沙漠里，总以为这是一个被寒冷和漠然所包围的世界，却原来有那么多人，那么多朋友，依然在悉心地呵护着真诚，在虔诚地守护着善良，在认真地期待和创造着美和美的生活。离开那棵圣诞树时，我也在心底默默地许了一个愿：“愿圣诞树上的愿望，能够一一实现。愿我们的世界，更加美好，更加充满温馨！”

从超市购物回来，天色已晚，平安夜就要来了。一路上小雨加雪，我再感觉不到一丝寒冷。因为，那些挂在圣诞树上的愿望，让我提前到达了春天！

人都不是孤立存在的，都是社会中的人，只有多替别人着想，自己才能更好地活着。

一个懂得幸福和感恩的人，绝对是一个健康的人，一个积极的人，一个拥有伟大内心的人，一个了不起的人。

10　感动心灵的一课

动人的音乐，心形的烛光，营造着一个美妙的意境，一种温馨的氛

围。穿着整齐的畅想幼稚园的老师们围成一圈，肃穆站立，静静等待着那激动人心的一刻。随着向老师声情并茂的主持，曾园长单膝跪地，给老师们一一系上代表感恩的蓝丝带，然后紧紧拥抱，深情鞠躬。紧接着，所有的老师来到家长们面前，像曾园长那样，给所有的家长一一系上蓝丝带，告诉他们“你是我生命中最重要的人”，对他们的理解和支持表示深深的感恩。那一刻，家长们的心被一种幸福的美好所融化，很多人流下了感动的热泪。这是 2014 年 4 月 22 日晚，女儿所在的畅想幼稚园举行的“蓝丝带——让感恩接力”活动中的感人一幕。

很庆幸，作为家长，我也应邀参加了这次意义非同寻常的活动。但说心里话，开始接到女儿从幼儿园带回来的邀请函时，我并没有把这太当一回事，以为不过就是幼儿园举行的一次与家长交流与沟通的普通的活动而已。然而，当我在清华班姚老师、田老师的引领下来到精心装扮的会议室，我顿时感到眼前一亮。活动开始后，主持人向老师非常正式的主持，更是让我对接下来的活动心怀满满的期待。当然，我的期待并没有落空。转自中央电视台的一段关于幸福的视频和幼儿园精心录制的孩子们回答什么是幸福的视频，引起我对幸福的深入思考。主持人对幸福的深层解读，以及曾园长关于幸福与感恩的主题演讲，让我深受启迪。这是我第二次听曾园长的演讲了。第一次听她的演讲，是女儿刚转到畅想幼稚园时在总园召开的新生家长会上，她的幼儿教育理念让我耳目一新，深感认同。这一次，她依旧娓娓道来，谈了她对幸福的独特而深刻的理解，和怎样才能让孩子获得幸福感，从而健康快乐地成长。她说，生活中的事情，总有积极的一面，也有消极的一面，你感觉到幸福还是不幸福，关键在于你关注的焦点在哪里。幸福教育要先从成人开始，父母要做好孩子的榜样，随时随地积极地看问题。她还说，所谓幸福，不是得到的多，而是计较得少。感恩，是抵达幸福彼岸的方舟，我们要怀着感激的心态去生活，去对待围绕在我们身边的亲情、友情、爱情。要学会感恩，既要感恩那些曾给予我们爱和温暖的人，也要感恩那些曾带给我们痛苦和难堪的人，感谢生命中与我们不期而遇的那些苦难，那些坎坷，那些不顺，因为这一切，同样给了我们心灵成长的力量。

幸福是需要传递的，感恩也是。参加畅想幼稚园“蓝丝带——让感恩接力”活动，我深切地感受到了曾园长和老师们用一颗真诚的心传递给我们的幸福和感恩。我认为，一个懂得幸福和感恩的人，绝对是一个健康的人，一个积极的人，一个拥有伟大内心的人，一个了不起的人。一个能够教会孩子幸福和感恩的幼儿园，绝对是一个优秀的幼儿园，一个值得家长充分信赖的幼儿园。

我很庆幸参加了这次活动，更加庆幸我们的选择没有错。每天看到女儿高高兴兴地去上幼儿园，我的内心就感到无比的幸福。曾园长，清华班的向老师、姚老师、田老师，还有每天在园车上接送孩子的李老师，以及幼儿园所有的富有爱心的老师，我要把代表感恩的蓝丝带献给你们，因为你们，就是我和女儿“生命中最重要的人”!

人都不是孤立存在的，都是社会中的人，只有多替别人着想，自己才能更好地活着。

11　替别人着想

某女士住在三楼，她家的厨房后面是一片空地。每次炒完菜，为了省事，她总是把洗锅水直接从窗口泼下去。那天，正好有个捡垃圾的老人从窗下的空地上经过，险些被泼一身的油水。老人气急败坏地骂了一句："哪个缺德的，做的好事！"女士探出头来，见是一个捡垃圾的，便没好气地说："你活该！谁要你到下面来捡的！""妹子，不是我说你，做人啊，不能只图自己方便，也要为别人想一想！""我吃自己的饭，凭什么要为别人想一想！"老人见她如此无理，就不再搭理她，气愤地走了。

过了几天，这位女士去逛超市，出来时，前面一个女孩扔了一块香蕉皮，正好被她踩上。她穿的是高跟鞋，又提了不少东西，突然脚下一滑，重重地摔倒在地。还好，没有受重伤。她爬起来准备骂人，话到嘴边又止住了。她猛然想起了几天前那个捡垃圾的老人。一块香蕉皮终于让她记住了，做人不能只图自己方便，每做一件事情都要为别人想一想。她不再随便倒洗锅水了，而且，平时吃了东西一定要扔到垃圾箱里，如果一时找不到垃圾箱，她就把东西拿在手里，直到可以扔的地方才扔。她这样做时，明显地感到自己的心灵得到了升华，她觉得做一个有品位的人是多么快乐。

有位作家为自己撰写了一副自勉联——为自己而活，替别人着想。我觉得，如果每个人都能做到事事替别人着想的话，构建人际和谐就不会成为空话。其实，替别人着想说难也不难，只要大家都能明白这一点：人都不是孤立存在的，都是社会中的人，只有多替别人着想，自己才能更好地活着。

活着，首先是做好一个“人”；做人，从做一个好儿子开始。

12 做人，从做一个好儿子开始

我有一个好父亲，也有一个好母亲。

我深深地爱着我的父亲母亲。

前不久出版的《散文诗》下半月刊，刊登了我的组诗《思乡曲》，按照“佳作传观”一栏的编辑体例，诗后还附了一份“作者档案”。其中的两栏我是这样填写的——

最崇拜的人：父亲，母亲。

最想做的一件事：早点成家，把一生含辛茹苦的父母接到身边，尽自己的一份孝心。

我这样写，并不是故意哗众取宠，标新立异。这几行简单朴素的文字，表达的是我内心最真实的声音。

文章发表后，我收到四川江油一位读者的来信，信中说："看过不少的个人小档案，或乏善可陈，或另类张扬，却从未见谁在'最想做的一件事'一栏填写你所写的那一小段，看来'文如其人'一说也是不无道理的，或许正是因为你为人的质朴，才让你的诗作洗尽铅华，于朴实中尤显动人。"看了这封信，我很感动，因为这位读者真正读懂了我，读懂了我的文字和文字以外的东西。

活着，首先是做好一个"人"；做人，从做一个好儿子开始。

活着，就要学会关怀，既要关怀自己，也要关怀他人，关怀人类共同的生存环境。其实，关怀他人，关怀人类共同的生存环境，也就是关怀我们自己。

13　大关怀，大境界

那次去湖北，有幸路过岳阳。

"中巴"在岳阳城美丽的街道上飞驰，我把脸紧贴在车窗上，努力地向着窗外张望，仿佛窗外不久就会出现一个伟大的奇观。

啊，看到了！看到了！那不就是我心仪已久的洞庭湖么？刹那，"无边无垠""烟波浩渺"等一系列形容词一股脑儿猛地跃入脑海。我双眼睁得好大好大。我人虽在车上，心却早已从车门缝里溜出去，到了被无数墨客骚人盛赞过的洞庭湖边！

终于，车停了。我一下车就往湖边跑。朋友却提醒我，先到乘船的地方去看看吧。我这才想起我们还要乘船去湖北。到乘船的地点一问，去洪湖的客船已开，要到第二天下午两点才有。我既遗憾，又高兴。

看洞庭湖的最佳位置是岳阳楼。但当时已近黄昏，只有等第二天再去那儿了。倚在绿树成荫的路边的栏杆上，极目远眺，很自然地想到范公在《岳阳楼记》中描写洞庭湖的句子来："衔远山，吞长江，浩浩汤汤，横无际涯。"我还是第一次真正见到湖，见到这么辽阔的水面！湖水"哗哗"作响，轮船汽笛长鸣；夕阳的余晖映照在湖面上，半"湖"瑟瑟半"湖"红，多么壮观！我还是第一次看到这么美的景色！

我们在候船厅睡了一夜。正当酷暑时候，天气本是十分燠热的，而这洞庭湖边的夜，却是无比凉爽和惬意。

第二天一早，我们就登上了岳阳楼，欲将洞庭美景细细观赏一番。然而，目光一接触到水面，我傻眼了。我兴致大减，激情全无，心中平添了许多忧虑，深深的忧虑。原来，第一天觉得洞庭湖这么美，是我并没有仔细去看，或是原先存在于脑海中的"印象"将它美化了。洞庭湖，一碧万顷，在我的想象中荡漾了十几年的美丽的洞庭湖，竟是一片污秽！

带着满腹的遗憾，我们去了湖北。回来在洪湖等船时，一位知识分子模样的中年人也在跟周围的人谈论水的问题。他说："电灯没有还可以用油灯和蜡烛代替，水可是什么也代替不了的啊！"

他的话给了我慰藉。因为在我的身边，毕竟还有人在担心水的污染，

考虑今后的生存。

活着，就要学会关怀，既要关怀自己，也要关怀他人，关怀人类共同的生存环境。其实，关怀他人，关怀人类共同的生存环境，也就是关怀我们自己。让我跟那位中年人，不，跟所有“先天下之忧而忧，后天下之乐而乐”者大声疾呼：洞庭不再美丽，一个顽症已悄悄潜入她体内，再也不能不花大力气去拯救她，拯救我们自己！

在生命的途程中，有时候，美德往往比能力更重要。

14　让出来的机会

朋友高中毕业后，到深圳去打工。

人生地不熟，他去了一个月都没找到合适的工作。眼看带来的钱就要花光了，他心急如焚。

他依旧天天跑人才市场，天天坐同一路公共汽车。因为找工作的人多如牛毛，这路车挤得不能再挤了。不过，他来回都是从起点站上车，每次都有座位。

那天，他又一次希望破灭，从人才市场沮丧而归。兜里只剩买一张回家的火车票的钱了，坐在拥挤不堪的公共汽车上，不禁黯然神伤。车到中途，上来一个衣冠楚楚的中年人，捂着肚子，脸色很不好，多半是胃病发作。但没有人注意他，更没有人给他让座位。

朋友离这位中年人站的地方较远，隔了好几个人。他还是决定把自己的位置让给他。中年人听到他的招呼，感激地笑笑，摆手谢绝了。

车又过了几站，朋友下车了，中年人也下了车，笑着递给朋友一张名片："小伙子，你是来找工作的吧？"朋友点点头。中年人接着说："如果我没记错的话，今天你给我们公司投过材料。祝贺你，你被录用了，明天你来上班吧。我是公司的人事主管，直接来找我就可以了。"

就因为让了一次座位，命运便因此而改变。所以说，在生命的途程中，有时候，美德往往比能力更重要，不是吗？

心灵的高度，在很大程度上决定了人生的高度啊！

15 心灵的高度

小巨人姚明，身高 2.26 米，加盟 NBA 后人气飙升，深受广大球迷拥戴。

几年前，中国男篮的三大中锋，我最喜欢王治郅。后来王治郅的表现实在令人失望。这时候，我看到了一个闪光的姚明。

姚明个子高，球技高，做人的境界也高。他的很多话很实在，也很感人肺腑。他的一些生活细节也足以证明他是一个伟大的球员，无可争议。

2006 年 4 月 11 日，姚明在 NBA 常规赛火箭——爵士比赛中，遭受

对手奥库的身体碰撞，导致左脚脚趾骨折。事后，火箭队官方表示，姚明至少需要 4～6 个月调养身体。这意味着姚明很可能将错失 8 月中旬在日本进行的男篮世锦赛。但姚明在接受休斯敦当地记者采访时表示："我来 NBA 之前，就给自己定下目标，我要代表我的祖国去比赛，代表我的祖国在奥运会上争夺名次。虽然我现在效力 NBA 的球队，但为国家队效力仍是我最重要的使命。"

姚明还有一段话，让我感动得热泪盈眶："我 17 岁时便首次代表国家队征战。我第一次拿到国家队队服的时候，我不停地照镜子，看着胸前的国旗。这是一种荣耀！世锦赛我必须回到国家队，即使让我坐在替补席上，我也觉得心甘情愿。"

姚明受伤后，一直没有停止自己的训练。他依旧早早地来到训练中心，坐在椅子上做准备活动，坐在椅子上进行适当的力量训练，甚至坐在椅子上一遍一遍地练习投篮。火箭队头牌记者费根激动地说："看着在椅子上还在投篮的姚明，你没有理由不向这样的球员致敬。"

我敢断言，如果不出意外，姚明完全可以成为一位伟大的篮球巨星。他有得天独厚的身体条件；他碰上并抓住了那么好的机遇；他总在不断地提高和完善自己的球技，哪怕是受了伤坐在椅子上。他的伟大之处更在于除身高之外许多球员所望尘莫及的心灵的高度。

心灵的高度，在很大程度上决定了人生的高度啊！

放下嫉妒，或者，把嫉妒转化为追求的动力，才能把人生导向一个更加美好的境界。

16 嫉妒是把双刃剑

嫉妒是狭隘的产物。

有这么一个寓言：有个人幸运地遇到了上帝。上帝对他说："从现在起，我可以满足你的任何愿望，但前提是你的邻居必须得到双份。"那个人听了喜不自禁，但仔细一想后心里很不平衡：要是我得到了一份田产，邻居就会得到两份；要是我得到一箱金子，邻居就会得到两箱；更要命的是，要是我得到一个绝色美女，那个注定要打一辈子光棍的家伙就会得到两个。那人想来想去，不知该提出什么愿望，因为他实在嫉妒邻居得到的比自己多。最后，他咬咬牙对上帝说："万能的主啊，请挖去我一只眼珠吧！"上帝就满足了他的愿望。从此，他做了"独眼龙"，他邻居更是无辜地变成了瞎子。

本来是一件非常美好的事情，却因为该死的嫉妒心理，使自己和别人都受到伤害。何必呢？嫉妒是把双刃剑，伤害自己，也伤害别人，那么，我们应该如何克服嫉妒心理呢？著名思想家罗素在《快乐哲学》一书中给了我们答案。他说："嫉妒尽管是一种罪恶，它的作用尽管可怕，但并非完全是一个恶魔。它的一部分是一种英雄式的痛苦的表现；人们在黑夜里盲目地摸索，也许走向一个更好的归宿，也许只是走向死亡与

毁灭。要摆脱这种绝望，寻找康庄大道，文明人必须像他已经扩展了他的大脑一样，扩展他的心胸。他必须学会超越自我，在超越自我的过程中，学会像宇宙万物那样逍遥自在。”

放下嫉妒，或者，把嫉妒转化为追求的动力，才能把人生导向一个更加美好的境界。

吃不到葡萄，不要说葡萄酸。欣赏别人，就像欣赏一道美丽的风景，你也将在欣赏的过程中收获到一份难得的愉悦！

17　学会欣赏别人

在我们身边，有一些人，总喜欢吃不到葡萄说葡萄酸。

比如，某某的儿子考上了重点大学，有人就会说人家的儿子不是凭真本事考上的，肯定是花钱买的；某某找了份好工作，有人就会说人家不是凭真本事找到的，靠的是关系或贿赂；某某发了财，有人会说人家发的是横财，靠的并不是诚实劳动；某某嫁了个好老公，有人会说那男的这也不好那也不好，总之自己是无论如何也看不上这么一个人的；某某出版了一本书，有人会说我只是不写罢了，我要写的话也写得出来；某某变漂亮了，有人会说她本来很丑，这个样子是打扮出来的，我要是打扮的话不晓得会比她漂亮多少倍，不过我还是欣赏自然美……

总之，吃不到葡萄说葡萄酸的人，就是不认可别人的优秀，不认可比自己更强的人。这是一种不健康的心理现象，如果不及时遏制，任其发展蔓延，会导致心理的严重失衡。

三国时代的周瑜，聪明过人，才智超群，但却心胸狭隘，容不得别人比自己强，对比自己高明的诸葛亮更是耿耿于怀，总想置他于死地。后来，诸葛亮将计就计，三气周瑜，周瑜被活活气死了，临死前仰天长叹："既生瑜，何生亮！"这成为千古笑谈。

敞开胸怀，悦纳别人的优秀吧。作为普通人，我们要学会欣赏别人，赞美别人。作为领导者，就更应该心胸宽广，懂得欣赏自己的部下。学会欣赏别人，学习别人的优秀，让自己与优秀的人同行，或者用别人的优秀来壮大自己的团队，这才是真正的智慧之举。

吃不到葡萄，不要说葡萄酸。欣赏别人，就像欣赏一道美丽的风景，你也将在欣赏的过程中收获到一份难得的愉悦！

我们不但自己要快乐，还要把自己的快乐分享给朋友、家人甚至素不相识的陌生人。因为分享快乐本身就是一种快乐，一种更高境界的快乐。

18 分享快乐

博友"快乐天使"的博客公告栏上写着：

"快乐送给每一个朋友。我想，大家不管是生活、学习还是工作，都希

望快快乐乐的，那我的博客主题就是快乐，嘻嘻！真心希望每一个来到我小家的朋友都能快快乐乐的，拜托，不要吝啬你的笑容，开心的笑吧！”

她的话给我留下了深刻的印象。

曾经，我生命中有很长一段日子，很忧郁、很压抑、很苦闷。我觉得每一天都过得沉重无比。但我没有在痛苦中沉沦，而是不断地鼓舞自己，不断地追求新的事业、新的生活，最后终于超越苦难，重新变得开朗和快乐起来。

有过这么一段经历之后，我发现，快乐与不快乐，起决定作用的是自己的心态。快乐是一种积极的心态，不快乐是一种消极的心态。任何事物都有积极的一面，也有消极的一面，我们往它积极的一面去想就是快乐，往它消极的一面去想就是不快乐。当我们不快乐的时候，只要让自己的心态转个弯，就会告别愁苦的阴云，见到快乐的阳光。

而且我觉得，我们不但自己要快乐，还要把自己的快乐分享给朋友、家人甚至素不相识的陌生人。因为分享快乐本身就是一种快乐、一种更高境界的快乐。

人生艰难，请与快乐一路同行！

初版后记

祝你快乐——写在最后的话

亲爱的读者朋友，感谢你读到最后一页。如果我的书让您有所感悟、有所收获的话，就请开心地笑一下，因为，你的快乐，就是对我写作本书的最高奖赏。

曾经有很长一段时间，我都是在痛苦的煎熬中度过的。总感到自己就像一只关在黑屋子里的鸟，看不到一丝光亮，更找不到一个出口。终于有一天，在痛苦中盲目乱撞的我突然明白过来，快乐其实很简单，就是主动把痛苦放下来。于是，我每天都对自己说，我很快乐；每天都鼓励自己，为自己加油；每天一起床，就在窗口练习一个微笑；每天一想到不开心的事，我就告诉自己“其实没什么”；每天都找很多事情来做，让心灵感到愉快而充实；每天都想着去帮助别人，在帮助别人的过程中体验到更高层次的快乐就这样，久违的快乐，又源源不断地流回了我心里。

2006 年，我出版了“心灵小木屋系列”的前两本——《一盏心灯》和《给心灵开扇窗》，旨在与读者朋友共同分享我超越痛苦的人生经验，帮助大家活得更加快乐与成功。这两本书出版后，很多读者通过网络与我交流，有的跟我谈他们的读书心得，有的向我倾诉他们内心的苦恼。

特别让我感动的是，有一位广东的读者对我说，我的《一盏心灯》救了她一命，因为她本来对人生已经绝望，只想一死了之，偶然读到《一盏心灯》，让她找到了继续活下去的理由。这位读者的话，让我真实地感觉到我的写作意义的所在。于是，我又出版了这本《愈放下 愈快乐》。

今后，我的“心灵小木屋系列”还会继续写下去。与此同时，我将开通“胡建文人生信箱”，跟读者朋友们进行心与心的交流。如果您正生活在痛苦之中，迫切需要得到心灵上的援助，欢迎您通过“胡建文人生信箱”跟我联系，我一定尽我最大的努力，带您找回丢失的快乐。请记住这个或许对您有所帮助的邮箱：368804478@qq.com。

聪明的读者朋友，我书中的每一个字都是用心写成的，我相信我的书不会浪费您宝贵的时间。但是，我只能告诉您放下的方法，而把心中的郁结放下来，还得借助您自己的双手。

最后，我衷心地祝您快乐每一天，幸福一辈子！

您的朋友：胡建文

修订版后记

《愈放下 愈快乐》一书初版面世已经八年了。八年间，“胡建文人生信箱”陆陆续续收到几百封读者来信。

“翻阅到最后一页，很舍不得，就这样看完了，不过我开心地笑了一下……”

“我是你的读者！你写的这本《愈放下 愈快乐》我好喜欢！”

“说实话，可以说是这本书重新让我走进人生，重新面对生活，在我最绝望最低落，甚至是生命无望的时候，又给了我一次生活的信心和信念及希望……”

“我是东南大学的一名大二学生，今天有幸读了您的这本书，一时感触颇深，也深受启发。我一直认为自己是个积极向上的人，很喜欢笑，也算快乐吧，在聆听您的真心话之前，可能并没有意识到自己有很多东西没放下，但是看完后却有一种豁然开朗的感觉，可以说是真正的快乐，放下了种种的快乐……”

“我是一个研一的学生……经历了各种痛苦，进行了各种自救。现在算是颤巍巍地走出了那段不堪回首的低谷。前几天在图书馆邂逅了您的书，觉得受益良多，每段文字都能深深地敲击我的心灵。”

“我用一个晚上和第二天一个上午的时间把这本书看完了，在看到前面几章时发现老师朴实的文字里总透着坚强和自信，看到中间部分时，原本就很感性的我被老师的文章感动得哭了，每字每句您都写得那样真实而亲切，我便迫不及待地跑到网吧给您写我的感受！”

“一次偶然的机会，在书店看到了您的书《愈放下 愈快乐》。当我第一时间看到这本书时，我就知道这是我一直都在寻找的书。买回来我一口气就读完了，虽然没有完全读懂，但我会读第二遍，第三遍……这是一本百读不厌的书。书里的有些话，是那么贴近我的生活、我的心境，给了我很大的启示和鼓舞。谢谢您！”

……

书，是作者心血的结晶。作为一位作者，读着这些饱含真诚的文字，我感到莫大的欣慰，为我的书得到了读者朋友的广泛认可，更为它如我所愿地让众多在痛苦中挣扎的心灵获得了快乐！

本书初版版权到期后，我一直想找一家出版社，将它修订再版。感谢西南交通大学出版社，让我了却了这桩心愿。希望我的这本书，能够给更多的人拨开心中的阴霾，送去快乐的阳光。

亲爱的朋友，如果你有缘成为本书的读者，欢迎你通过“胡建文人生信箱”（hujianwen626@163.com）与我交流，也可通过 QQ（QQ 号：368804478）或微信（微信号：jksshujianwen）跟我联系。

人生就是一场旅行。让我们放下一切烦恼，一切苦痛，一切不该有的负担，轻松地踏上快乐的人生旅程吧！

胡建文

2015 年 3 月 5 日（元宵节）